KB046990

멘사코리아 수학 트레이닝

MENSA®

멘사코리아 수학 트레이닝

PUZZLE

멘사코리아 퍼즐위원회 지음

보누스

머리말 | **두뇌의 힘을 길러주는 멘사퍼즐**

멘사퍼즐은 주로 영국에서 많이 출판되었다. 그 이유는 멘사가 1946년에 영국에서 시작되었기 때문이기도 하지만, 1977년《리더스 다이제스트》라는 잡지에 몇 개월 동안 연재된 멘사퍼즐이 촉매제가 되어 멘사가 수만 명의 회원 조직으로 팽창했던 사건과도 관련이 있다. 실제로 386세대 중에는《리더스 다이제스트》에 실린 '갈색 코트를 입은 스파이는?' '반포로 가는 손님은?'과 같은 제목으로 실렸던 퀴즈 문제를 낑낑거리며 풀고, 답을 맞히며 희열을 느꼈던 유년기의 추억을 간직하고 있는 사람들을 심심찮게 볼 수 있다.

당시《리더스 다이제스트》 독자들 가운데 퍼즐에 열광했던 사람들이 멘사에 대거 참여했으며, 모이기만 하면 퍼즐에 탐닉했다고 한다. 다 큰 어른들이 그토록 퍼즐을 좋아했던 것은 논리적인 추론을 통한 문제 해결을 유희로 즐기는 멘사 회원들의 성향과 잘 맞았기 때문인 듯하다.

잠시 멘사의 역사를 살펴보자. 1946년에 롤랜드 베릴과 랜스 웨어가 영국의 옥스퍼드에서 설립한 단체가 멘사의 시초다. 호주 출신 변호사였던 베릴과 당시 예비변호사였던 웨어는 어느 날 기차에서 우연히 만났다. 천재끼리는 서로를 알아보는 법인지 이 둘은 단숨에 의기투합해 지속적으로 만남을 이어갔고, 웨어의 오랜 숙원이었던 단체 창립이라는 꿈까지 이루게 된다. 오늘날 멘사는 영국과 한국 외에도 미국, 일본, 독일, 벨기에, 러시아, 멕시코, 아르헨티나 등 100여 개국에서 14만 명 이상의 회원을 보유할 정도로 양적으로도 팽창했다.

그렇다면 대한민국에서 멘사는 어떻게 탄생했을까? 1995~1996년 국내에 있는 국제멘사 회원들이 만나 멘사코리아 발족을 논의하면서 설립 계획이 구체화되었다. 영국에 있는 국제멘사와 협의를 거치고, 1996년 5월 〈중앙일보〉에 멘사에 관한 소개 기사가 실리면서 일반인들에게 알려졌다. 1996년 7월에는 대한생명 63빌딩에서 최초의 멘사코리아 테스트가 실시되었다. 여기에 150여 명이 응시해 66%가 테스트에 통과함으로써 한국에도 본격적으로 멘사가 자리를 잡게 되었다. 그 후 '인류를 위한 인지(人智)의 증명과 육성' '지성의 본질, 특성 및 이용에 관한 연구 장려' '회원에게 지적·사회적 자극 환경 제공'이라는 멘사의 세 가지 기본 목적 아래 회원들의 다양한 전문 분야와 각종 취미 활동을 통한 소통과 교류의 장으로 성장해왔다.

멘사코리아가 창립된 지도 벌써 20년이 넘었다. 그동안 멘사코리아 회원들은 사회 다방면으로 활동을 해왔으며, 멘사코리아 회원들이 자체적으로 만든 순수 '메이드 인 코리아' 퍼즐책 또한 꾸준히 출간해왔다. 이번 책은 난센스적인 요소를 줄인 대신 논리적인 분석과 추론을 중심으로 사고력을 발휘해 단계적인 풀이를 해나갈 수 있는 유형들로 구성했다. 이 책이 퍼즐을 즐기는 독자 여러분과 멘사코리아 회원들이 소통하는 기회가 된다면 참으로 기쁠 것이다. 더불어 여기에 실린 다양한 난이도의 문제들이 퍼즐 풀이의 즐거움을 제공하는 동시에 미지의 세계를 향한 도전 의식과 탐구 정신까지 키워주는 좋은 계기가 되기를 기대한다.

멘사코리아 퍼즐위원회

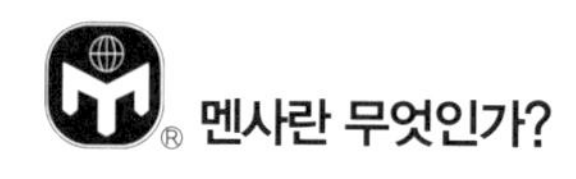

멘사란 무엇인가?

멘사란 '탁자'를 뜻하는 라틴어로, 지능지수 상위 2% 이내(IQ 148 이상)의 사람만 가입할 수 있는 천재들의 모임이다. 1946년 영국에서 창설되어 현재 100여 개국 이상에 14만여 명의 회원이 있다. 멘사코리아는 1998년에 문을 열었다. 멘사의 목적은 다음과 같다.

- 첫째, 인류의 이익을 위해 인간의 지능을 탐구하고 배양한다.
- 둘째, 지능의 본질과 특징, 활용처 연구에 힘쓴다.
- 셋째, 회원들에게 지적·사회적으로 자극이 될 만한 환경을 마련한다.

IQ 점수가 전체 인구의 상위 2%에 해당하는 사람은 누구든 멘사 회원이 될 수 있다. 우리가 찾고 있는 '50명 가운데 한 명'이 혹시 당신은 아닌지?

멘사 회원이 되면 다음과 같은 혜택을 누릴 수 있다.

- 국내외의 네트워크 활동과 친목 활동
- 예술에서 동물학에 이르는 각종 취미 모임
- 매달 발행되는 회원용 잡지와 해당 지역의 소식지
- 게임 경시대회, 친목 도모 등을 위한 지역 모임
- 주말마다 열리는 국내외 모임과 회의
- 지적 자극에 도움이 되는 각종 강의와 세미나
- 여행객을 위한 세계적인 네트워크인 'SIGHT' 이용 가능

멘사에 대한 좀 더 자세한 정보는 멘사코리아의 홈페이지를 참고하기 바란다.

- 홈페이지 : www.mensakorea.org

차 례

MENSA PUZZLE

멘사코리아 수학 트레이닝

가이드

전략을 알면 퍼즐이 쉬워진다

퍼즐 풀이는 두뇌를 자극하고 훈련하는 재미있는 놀이이지만 퍼즐을 잘 푸는 사람들은 자신만의 방법과 전략을 가지고 있기 마련이다. 이런 사람들이 이용하는 기본적인 방법과 전략에는 대체로 공통점이 있다. 그 공통점을 정리해보자.

은밀한 규칙을 찾아라

퍼즐에는 숨어 있는 규칙이 있다. 모든 규칙이 눈에 띄게 드러나 있다면 그건 퍼즐이 아닌 계산 문제가 된다. 숨어 있는 규칙을 찾아내는 일에 퍼즐의 묘미가 있고, 숨어 있는 규칙을 찾아내면 문제는 풀리기 마련이다. 숨어 있는 규칙을 찾아내기 위해서는 문제에 나오는 기호, 그림, 숫자들을 여러 가지 방법으로 분류해보는 작업이 필요하다. 예를 들어 한글의 낱자 또는 알파벳은 자음과 모음으로 나누어볼 수 있고, 글자 모양에 직선만 들어 있는 것과 곡선이 포함되어 있는 것으로 나누어볼 수 있다. 글자 안에 동그라미나 네모 모양으로 된 폐곡선이 들어 있는 경우도 있다. 좌우가 대칭을 이루는 알파벳도 있다.

직선만으로 이루어진 알파벳: A, E, F, H, I, K, L, M, N, T, V, W, X, Y, Z

곡선이 포함된 알파벳: B, C, D, G, J, O, P, Q, R, S, U

폐곡선이 들어 있는 알파벳: B, D, O, P, Q, R

좌우가 같은 알파벳: A, H, I, M, O, T, U, V, W, X, Y

퍼즐에 등장하는 기호, 숫자, 그림들은 외형적 특징뿐 아니라, 여러 가지 성질들도 포함해 고려해야 한다. 예를 들어 한글의 낱자나 알파벳에는 발음을 표시하는 기본적인 기능뿐만 아니라 '글자의 순서'라는 속성도 있다. 순서는 곧 숫자가 되기도 한다. 물건이나 이름에는 반드시 숫자로 연결될 수 있는 특징이 숨어 있는 경우가 많다. 많은 퍼즐 문제들이 이런 숫자를 찾아냄으로써 해결되곤 한다.

생각 뒤집기

퍼즐 풀이에서 가장 먼저 눈에 띄는 특징이나 발상이 중요한 것은 사실이지만, 그와는 별도로 발상을 뒤집어서 생각해보는 습관이 퍼즐 해결에 결정적인 단서를 주는 경우가 많다. 이런 식으로 생각을 뒤집는 방법을 7가지로 정리해놓은 것이 바로 스캠퍼(SCAMPER)다. 스캠퍼는 생각 뒤집기 방법 7가지의 영어 단어 첫 글자들을 모아서 만든 단어로, 기억해두면 여러모로 쓸모가 있다.

1 대신해보기 Substitute

해법이 떠오르지 않을 때 가장 먼저 해볼 수 있는 일은 문제에 제시된

단서들에 이것저것 대입해보는 것이다. 대표적인 경우가 낱자를 순서대로 수로 바꿔보는 것이다.

A	B	C	D	E	F	G	H	I	J	K	L	M
1	2	3	4	5	6	7	8	9	10	11	12	13
N	O	P	Q	R	S	T	U	V	W	X	Y	Z
14	15	16	17	18	19	20	21	22	23	24	25	26

예) CAFE ⇨ 3 1 6 5 ⇨ 3+1+6+5=15

2 바꿔보기 Change

바꿔보기는 '대신해보기'와 비슷하지만, 순서에 변화를 준다는 의미가 강하다. 다음 예시는 각 낱자가 실제로 의미하는 알파벳을 한 글자씩 뒤로 미뤄 순서에 변화를 준 경우다.

A	B	C	D	E	F	G	H	I	J	K	L	M
Z	A	B	C	D	E	F	G	H	I	J	K	L
N	O	P	Q	R	S	T	U	V	W	X	Y	Z
M	N	O	P	Q	R	S	T	U	V	W	X	Y

예) DBGF ⇨ CAFE

3 조절해보기 Adjust

크기를 키우거나 줄이거나, 각도를 틀어보거나 비율을 바꿔보는 것이다. 배경의 색깔을 좀 더 강하게 해서 보거나, **1**도 **2**도 마땅치 않으면 **1.5**를 활용해보는 등 끊임없이 문제에 담긴 여러 요소들을 흔들어보고 비틀어보고, 강약이나 크기를 조절하다 보면 문제의 해법이 보이기도 한다.

4 끝까지 해보기 Maximize, Minimize

크기를 극단적으로 크게 키우거나 가장 작게 줄여본다든지, 각도를 가장 크게 돌려본다는 뜻이다. 우리가 막연히 가지고 있는 경계선을 무너뜨리는 효과를 볼 수 있으며, 퍼즐 해결의 비밀이 거기에 숨어 있을 수도 있다.

5 다른 곳으로 끌어가보기 Put to another place

전혀 엉뚱한 곳에 적용해보는 것이다. 실제로 과학자들도 자원 개발 분야에서 쓰던 방법을 생물학 분야에 적용해 큰 성공을 거둔 경우가 있다. 응용력이라고도 할 수 있는데, 결국 다양한 분야에 호기심이 많고 잡다한 지식이 풍부한 사람이 유리하다고 할 수 있다.

6 없애보기 Eliminate

출제자는 문제 푸는 사람이 힌트를 찾아내지 못하도록 퍼즐 풀이에 도움이 되지 않는 정보를 잔뜩 적어놓을 수도 있다. 그러므로 풀이에 도움이 안 되는 것들은 과감하게 없애버리는 것도 한 가지 방법이다. 다음 예문에서 철자 G를 모두 없애면 원래 문장이 드러난다.

예) YOUGAREGMYGSUNSHINE → YOU ARE MY SUNSHINE

7 거꾸로 해보기 Reverse

위아래를 뒤집거나 앞뒤를 바꿔보거나, 반대편에서 보거나 거울에 비친 모습을 떠올려보는 것이 문제 해결의 지름길이 되기도 한다.

예) EFAC ⇨ CAFE

퍼즐 풀이와 암호해독의 함수관계

코난 도일의 소설 《셜록 홈스의 모험》이나 에드거 앨런 포의 소설에는 해적이나 미지의 인물들이 남겨놓은 암호가 등장한다. 물론 보물 지도의 비밀에 대한 설명이 암호로 적혀 있다는 설정도 자주 나온다. 이런 소설의 전통은 오늘날 작가 댄 브라운의 《다빈치 코드》 등으로 여전히 이어지고 있다. 비밀 집단은 자신들만 알아볼 수 있는 기호나 방법으로 엄청난 보물이나 위험한 물건을 숨겨놓은 곳을 설명해둔다. 그리고 주인공들이 진실을 찾아 나선다는 것이 기본 설정이다.

하지만 현실적으로 암호가 가장 활발하게 사용되는 곳은 전쟁터다. 그리고 전시에는 적의 암호를 해독하는 일이 대포를 쏘고 전투기를 날리는 것보다 더 치명적일 수도 있다. 퍼즐에 익숙한 사람은 나중에 암호를 분석하는 직업을 가지게 되면 퍼즐 놀이에 쏟아부었던 노력으로 직업적인 성공을 거둘 수 있을지도 모른다.

제2차 세계대전 당시 독일군이 사용한 '이니그마'라는 암호 기계가 있었다. 영국은 이 암호 기계로 만든 암호를 해독하기 위해 버킹엄셔의 블레츨리 파크에 암호해독 부대인 정부 암호국(GCCS, Government Code and Cypher School)을 만들고 보안상 '블레츨리 파크'라고 불렀다. 제2차 세계대전이 끝난 뒤로도 영국은 이 부대의 존재와 그들의 활약에 대해 몇십 년 동안 함구했다. 암호와 암호해독이 전쟁에서 그만큼 중요하다고 판단

한 것이다. 블레츨리 파크에는 당대 최고의 수학자인 앨런 튜링이 포함되어 있었는데, 그는 명석한 두뇌로 독일군 암호를 해독하는 데 결정적인 공을 세웠다. 현재 블레츨리 파크 자리에는 영국 국립암호센터와 국립컴퓨터박물관이 자리 잡고 있다. 블레츨리 파크가 사용한 기술은 이후 컴퓨터 기술 발전에도 큰 영향을 끼쳤다.

우리가 사용하는 컴퓨터와 인터넷에도 암호 기술은 사용되고 있다. 지난 30년 사이에 은행 컴퓨터가 모두 연결되어 어지간한 은행 업무는 인터넷으로 해결할 수 있게 되었다. 인터넷에 떠도는 정보를 누군가 중간에서 가로챈다면 큰일이다. 이런 정보들은 모두 컴퓨터에 의해 암호화되어 인터넷을 통과하고, 전달된 정보는 정해진 규칙에 따라 해독되어 정확한 은행 거래가 진행된다.

결국 암호란 필요한 사람에게만 정보를 보여주는 기술이라고 할 수 있다. 그리고 보이지 않는 정보를 보려고 애쓰는 사람은 언제나 있기 마련이다. 감추려는 사람과 감춰진 것을 찾아내려는 사람들 사이의 치열한 싸움은 아주 옛날부터 시작되어 오늘날까지 이어지고 있으며, 앞으로도 계속될 것이다.

암호 만들기와 복호(암호를 원래 정보나 신호로 되돌리는 일), 그리고 남의 암호를 해독해내는 것들은 사실 퍼즐 풀이와 다를 것이 없다. 그러다 보니 이 책에도 암호와 관련된 문제가 상당히 포함되어 있으며, 일견 암호가 아닌 듯 보이는 문제도 해독 기술과 관련된 것이 많다.

열쇠와 자물쇠도 암호와 해독이라는 관계를 가진다. 열쇠를 가진 사람은 자물쇠를 아주 쉽게 그리고 확실하게 열 수 있지만, 열쇠가 없거나 열쇠를 잃어버린 사람은 자물쇠를 열지 못한다. 하지만 결국 열지 못하는 자물쇠란 없다. 왜냐하면 그 자물쇠를 만든 사람이 있기 때문이다. 하지만 적어도 자물쇠는 여는 데에 많은 시간과 노력이 들게 한다. 정당한 소유권이 없는 도둑이나 외부인에게는 충분한 시간이 주어지지도 않고, 자물쇠나 문을 부술 수 있는 여건도 마련되지 않는다.

요즘은 비밀번호만으로 열리는 자물쇠가 많다. 열쇠는 잃어버리기도 쉽고, 만약 도둑이 열쇠를 훔쳐간다면 자물쇠를 쉽게 열게 되는 건 정작 주인이 아닌 도둑이 되기도 한다. 그러나 사람의 머릿속에 든 비밀번호는 훔치기가 어렵기 때문에 비밀번호 자물쇠를 사용하는 것이다.

하지만 사람들이 생각해내는 비밀번호는 뜻밖에 꽤 단순한 경우가 많다. 흔히 생년월일, 전화번호, 차량 번호 등을 비밀번호로 사용하다 보니 본의 아니게 남에게 쉽게 알려지는 경우가 많다. 아파트 자물쇠 중에는 번호를 누르면 번호에 따라 삑삑거리는 음이 나오는 경우가 있는데 잘 들어보면 숫자마다 음높이가 각각 다르다. 만약에 어떤 사람이 음의 높이를 판별할 수 있는 능력이 뛰어나다면, 비밀번호가 노래나 음악처럼 그 사람 귀에 그대로 들어갈 것이다. 물론 이 삑삑거리는 음은 사실 꼭 필요하다. 그렇지 않으면 단추가 눌러졌는지 눌러지지 않았는지 구별이 잘 되지 않아 중간 번호를 건너뛸 수도 있고, 건너뛰지 않기 위해 지나치게 세게 누르는 습관이 붙을 수도 있다. 그러면 고장도 잘 나고 사용자가 무척 불편할 것이다. 하지만 적어도 번호에 따라 음의 높낮이가 달라지면 곤란한 일이 발생할 수 있다는 사실을 자물쇠 제작자들이 꼭 알았으면 좋겠다. 세상에는 음을 듣고 바로 악보에 옮겨 적을 수 있는 절대음감을 가진 사람이 의외로 많기 때문이다. 그러면 이런 정보는 대단히 안전하지 못한 것이 된다.

비밀번호가 제구실을 하지 못하게 되는 이유는 아이러니하게도 주인이 그 번호를 잘 기억해야 하기 때문이다. 곳곳에 자물쇠나 금고, 문이 있어서 비밀번호가 필요한 곳이 여러 군데라면, 주인도 각각 어떤 비밀번호를 어디에 썼는지 잊어버리기 쉬울 것이다. 그러다 보니 어지간한 곳에는 모두 하나의 비밀번호를 사용하곤 한다. 이렇게 되면 비밀번호 하나를 노출하는 것이 다른 중요한 곳의 비밀을 공개하는 일이 될 수도 있다.

그래서 어떤 이는 중요도에 따라 세 개 정도의 비밀번호를 만들기도 한다. 별로 중요하지 않아서 누군가에게 말해주어도 되는 곳에는 되도록 쉽고 짧은 번호를 쓰고 그다음 일반적으로 사용하는 곳에는 적당한 길이의 번호를, 그리고 극히 중요한 곳에는 길고 생각해내기 어려운 번호를 사용한다.

또 비밀번호를 잊어버려 곤란한 일을 당했던 사람은 비밀번호를 어딘가에 기록해놓는 경우도 많다. 이것은 그 자체로 또다시 위험을 자초하는 일이 된다. 이런 경우에 대비해 자기만의 암호를 만들어놓는다면 편리할 것이다. 설혹 번호를 여기저기에 적어놓더라도 암호로 적어놓는다면 다른 사람은 그것이 어떤 숫자나 문자로 되어 있는지 알아내기 어려울 것이다.

아주 간단한 암호 만들기 예를 하나 보자. '돼지우리 사이퍼(pigpen cipher)'는 알파벳을 전화기 숫자판에 차례로 써넣고 제일 바깥쪽 울타리를 없애버린 것이다. 대체로 다음과 같은 모양이 될 것이다.

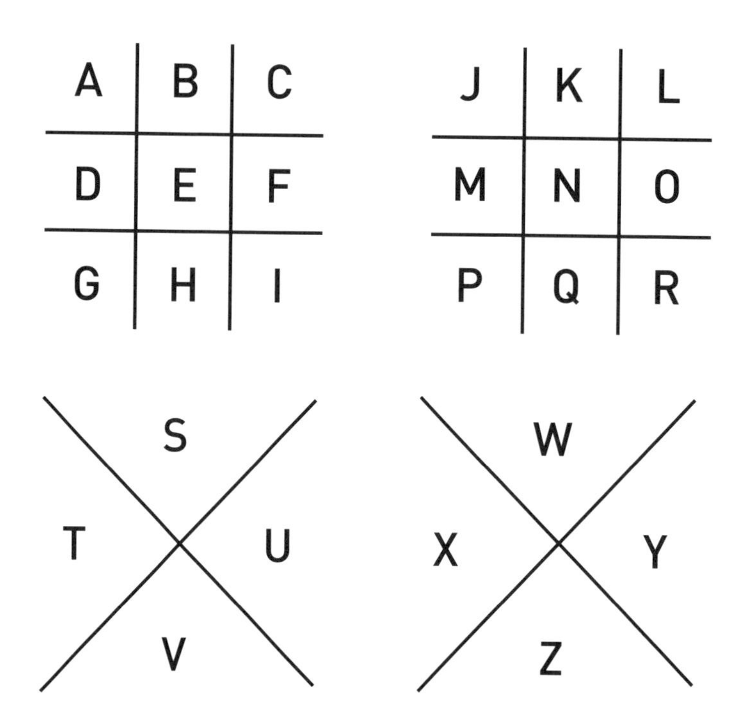

이런 울타리에 들어 있는 글자와 그 글자를 둘러싼 울타리 모양을 연결하면 아주 간단한 암호가 될 수 있다.

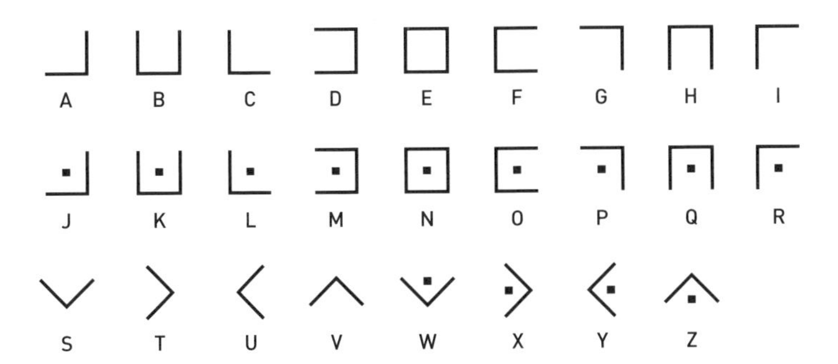

돼지우리 사이퍼로 간단한 문장을 써보았다. 한번 읽어보기 바란다.

1700년대의 비밀결사 조직인 프리메이슨은 이런 암호를 통해 자신들만의 연락을 주고받았다는 전설이 있는데 숫자도 이런 간단한 방법으로 암호를 만들어서 사용할 수 있을 것이다. 물론 한글로도 '돼지우리 사이퍼'를 만들 수 있다.

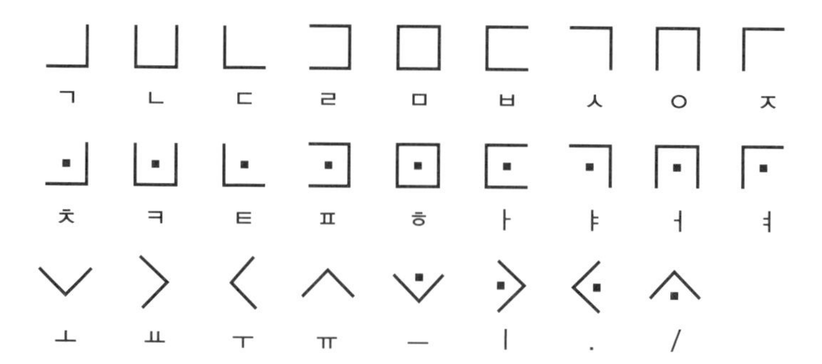

마찬가지로 암호문을 한번 읽어보기 바란다.

알파벳으로 된 암호문을 풀면 각각 'You are my sunshine(당신은 나의 태양)' 'Napoleon is alive still in Seoul(나폴레옹은 아직 서울에 살아 있다)'가 된다.

한글 암호문의 첫 줄은 '나의 살던 고향'이라는 뜻이다.(마지막 문장은 답을 적지 않겠다. 너무 큰 비밀이기 때문이다. 흥미가 있는 사람은 직접 풀어보자.)

전화번호의 비밀

전화기 버튼에는 오래전부터 알파벳과 숫자가 함께 표기되어 사람들이 다양하게 이용해왔다. 다음과 같이 말이다.

1 Q Z	**2** A B C	**3** D E F
4 G H I	**5** J K L	**6** M N O
7 P R S	**8** T U V	**9** W X Y

미국 사람들은 오랫동안 번호에 매겨진 알파벳을 이용하여 여러 가지 직업군을 암시하는 전화번호를 사용해왔다. 예를 들어 4357, 즉 HELP는 급히 사람을 구한다는 의미가 있어 각종 구조 센터들이 전화번호 뒷자리로 사용한다. 우리도 그런 번호가 있다. 1초라도 빨리 배달해야 하는 퀵서비스 회사는 8282, 위기대응 콜센터는 9582(구호빨리) 등의 전화번호를 쓴다. 가장 유명한 것은 이삿짐 센터 번호로 2424이다. 이것은 MOVE(이사하다)를 뜻하는 6683을 쓸 수도 있을 것이다. 전화번호를 정할 때 이런 식으로 의미 있는 숫자를 붙여보는 것도 색다른 재미가 될 수 있다.

LOVE 5683	KISS 5477	GOLD 4653
KING 5464	MIND 6463	ROAD 7623
GOOD 4663	FOOL 3665	PAPA 7272
MAMA 6262	DEAR 3327	BOMB 2662

반대로 상대방의 전화번호를 가지고 단어를 만들어서 그 사람의 이미지와 연결해서 기억하는 것도 재미있을 것이다.

5874 ⇨ JKL TUV PRS GHI

JUPI(TER)

대체로 모음이 하나 정도 들어간 것을 이용하면 단어를 만들기 쉽다.

6951 ⇨ MNO WXY JKL QZ

MY JQ(잔머리 지수), MY JZ(JAZZ), OWL Q(부엉이 큐)

3572 ⇨ DEF JKL PRS ABC

F(U)L(L) PC

로제타석, 이집트의 신비를 벗기다

일부러 만든 암호는 아니지만, 로제타석은 암호해독의 재미로 볼 때 아주 흥미진진한 사례가 아닐 수 없다. 이집트 상형문자는 사용자가 모두 사라져 적어도 800년 동안 사용되지 않았다. 이집트의 유물 도처에 문자가 남아 있긴 했지만 뜻이나 발음을 아는 사람도 없었고 그것을 해독해보려는 시도조차 없었다.

그 뒤 몇백 년이 흘러 1799년에 나폴레옹이 한 무리의 학자를 북아프리카에 보내서 이집트 관련 유물과 자료를 닥치는 대로 수집하게 했다.

이때 프랑스군 막사를 확장하기 위해 공사를 하던 중 큰 돌덩어리 하나를 발견했다. 조사 결과 이 돌은 이집트 왕 프톨레마이오스 시대에 이집트 사제 총회에서 발표된 포고령을 그리스문자, 민간 문자, 상형문자로 돌판에 새긴 내용의 일부였다.

로제타석이라고 불리는 이 돌은 우여곡절 끝에 현재 영국 런던의 대영박물관에 보관되어 있다. 똑같은 내용이 3가지 언어로 기록되어 있어 이미 잊혔던 이집트 상형문자를 해독하는 데에 가장 기본적인 단서를 제공했다. 그리스어는 지금도 그리스 사람들이 사용할 뿐 아니라 수많은 서적이 남아 있어 자료도 풍부했으므로 로제타석에서 비교되는 단어가 어떤 뜻인지 알 수 있었다. 왕과 왕비의 이름을 통해 그 발음도 알아낼 수 있었다. 이를 통해 이집트 상형문자가 어떤 발음을 표시하는지 알아내기 시작했고, 여기서 얻은 정보를 다른 돌판이나 기록물(파피루스)들에 적용하기 시작하면서 많은 이집트 상형문자들의 의미가 밝혀졌다. 이집트에 남아 있는 기록을 우리가 이해할 수 있는 것은 로제타석 덕분이다.

외국어를 배우는 과정도 어쩌면 퍼즐을 풀어가는 과정과 비슷할지 모른다. 외국어를 공부하는 과정에서도 우리는 상식과 논리를 적용하여 많은 것을 짐작해야 한다. 외국인이라 해도 사람이라면 누구나 공통적으로 가진 요소들은 필연적으로 지니고 있을 수밖에 없다. 물론 우리로서는 상상하기 힘든 다양한 문화를 갖고 있는 곳도 많지만, 결국 사람이 살아가는 데 필요한 의식주에 대한 것은 놀랄 만큼 비슷하다. 과학을 통해 우주와 자연의 신비를 푸는 과정도 어쩌면 마찬가지일 것이다. 퍼즐 풀이를 통해 미지에 대한 호기심과 상상력을 키우고 논리력과 수리력, 창의력을 개발해보자.

일러두기

- 각 문제 아래에 있는 쪽번호 옆에 해결 여부를 표시할 수 있는 칸이 있습니다. 이 칸을 채운 문제가 늘어날수록 지적 쾌감도 커질 테니 꼭 활용해보시기 바랍니다.
- 이 책에서 '직선'은 '두 점 사이를 가장 짧게 연결한 선'이라는 사전적 의미로 사용되었습니다.
- 이 책의 해답란에 실린 해법 외에도 답을 구하는 다양한 방법이 있음을 밝힙니다.

MENSA PUZZLE

멘사코리아 수학 트레이닝

문제

10명의 아이들이 간식을 먹고 있다. 이 가운데 과일 또는 사탕 중 한 가지 이상을 먹은 아이가 6명, 과일과 과자를 둘 다 먹은 아이가 3명, 사탕은 먹지 않고 과자를 먹은 아이가 4명, 아무것도 먹지 않은 아이가 2명이라고 한다. 그렇다면 과일과 과자, 사탕을 모두 먹은 아이는 몇 명일까?

답:186쪽

002

1, 2, 3, 4, 5와 기호 ×, -, +, =로 올바른 등식을 만들면 사용되지 않는 기호가 하나 남는다. 이 기호를 제외한 나머지 기호는 단 한 번씩만 사용된다. 이 기호는 무엇일까?

답: 186쪽

003

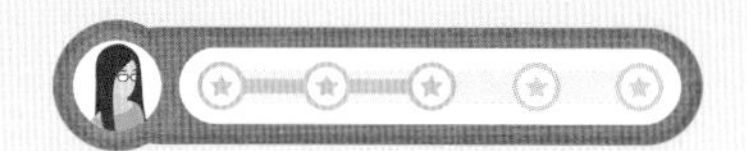

다음 그림에서 물음표가 있는 자리에 들어가야 할 숫자는 무엇일까?

6	1	3		3	?	2
2		3		3		2
2		4	2	4		6

네모 칸 안에 있는 숫자는 특별한 규칙을 가지고 있다. 그렇다면 물음표가 있는 칸에는 어떤 숫자가 들어가야 할까?

				3			
		2					
					?		5
	4						

답:186쪽

'보기'와 같이 출발점에서 도착점까지 이어지는 길을 만들 수 있을까? 표시해보자. 규칙은 다음과 같다.

규칙

1. 가로세로 각 방향마다 줄 끝에 쓰인 숫자만큼의 이동 경로가 포함된 칸이 있어야 한다.
2. 빈칸이 있어도 된다.
3. 길은 겹치거나 가로지를 수 없다.
4. 출발점은 왼쪽 위, 도착점은 오른쪽 아래이다.

보기

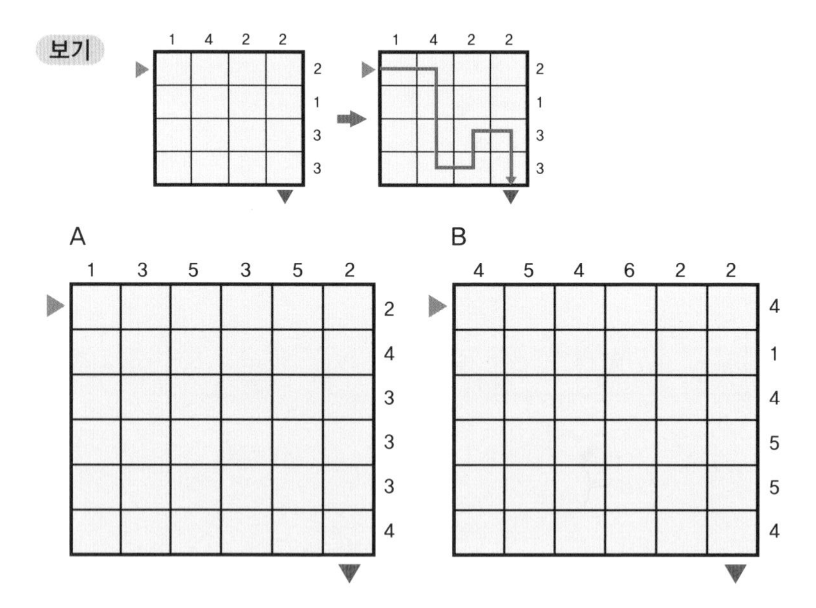

 답:187쪽

006

동그라미 안에 숫자가 들어 있는 블록이 있다. 표시되어 있는 숫자는 동그라미와 이어지는 선의 개수다. 단, 동그라미를 잇는 선은 겹치거나 서로 가로지를 수 없다. 물음표에는 어떤 수가 들어가야 할까?

답: 187쪽

동전 3개가 모두 앞면으로 놓여 있다. 이 동전들을 한 번에 1개씩만 뒤집어가면서 만들 수 있는 모든 경우의 수는 8가지(모두 앞면일 때도 포함하여)이다. 어떤 순서로 동전을 뒤집어야 같은 형태가 한 번도 나오지 않고 모든 경우를 다 만들 수 있을까? 단, 일곱 번째로 동전을 뒤집었을 때 모두 뒷면이 되어야 한다. '앞앞앞' '뒤앞뒤'와 같은 식으로 표현해보자.

답: 187쪽

그림과 같이 가로세로 10칸으로 만들어진 네모 판이 있다. 다음 규칙에 따라 검정색 원을 그려보자.

규칙

1. X 표시가 된 칸과 숫자가 있는 칸에는 검정색 원을 그릴 수 없다.
2. 숫자는 자신이 있는 칸을 기준으로 가로세로 방향에 놓여 있는 모든 원의 개수를 뜻한다.

		1							
	X			X	3			X	
3					X				X
				X		3			
								0	
	X		X	X	X	X			3
			1						
		X	X			X	3		
X		X	X	5					
	2								

검정색과 회색 털실로 장갑과 모자와 양말을 짜서 20명의 아이에게 장갑, 모자, 양말을 각각 하나씩 선물했다. 다음 설명에 따르면 검정색 장갑, 회색 모자, 검정색 양말을 모두 선물 받은 아이는 몇 명일까?

1. 같은 색의 장갑과 모자를 가진 아이는 한 명도 없다.
2. 모자와 양말의 색이 같은 아이는 10명이다.
3. 최소한 2가지 이상의 검정색을 가진 아이는 8명이다.
4. 검정색 모자를 가진 아이는 12명이다.

 답: 187쪽

6개의 역삼각형과 10개의 삼각형으로 만들어진 도형이 있다. 흰색 역삼각형 속에 있는 숫자는 자신을 둘러싼 3개의 하늘색 삼각형 속에 있는 숫자를 모두 더한 값과 같다고 한다면, 1~10의 숫자를 한 번씩만 사용해서 조건을 만족할 수 있도록 하늘색 삼각형 안에 숫자를 채워보자. 하늘색 칸에 어떤 숫자를 넣어야 할까?

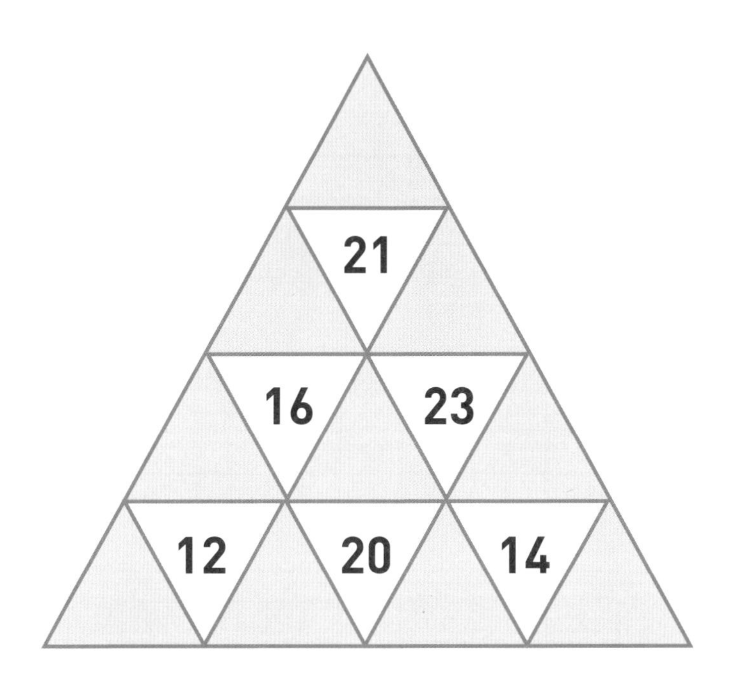

답: 188쪽

011

다음 표들의 숫자는 각각 같은 종류의 특별한 규칙을 갖고 있다. 물음표 자리에 올 수 있는 표는 보기 A~D 중 어느 것일까?

3	7	23
19	5	17
11	1	2

5	7	2
11	31	13
19	23	17

7	1	23
31	5	11
3	29	2

7	1	19
2	9	22
11	3	17

A

5	4	11
31	2	22
3	1	15

B

2	1	17
29	23	13
5	3	11

C

1	15	19
45	21	3
31	2	11

D

답:188쪽

012

각 도형 아래에 적힌 숫자들은 도형에 따라 특별한 규칙을 가지고 있다. 물음표에 들어갈 알맞은 숫자는 어떤 것일까?

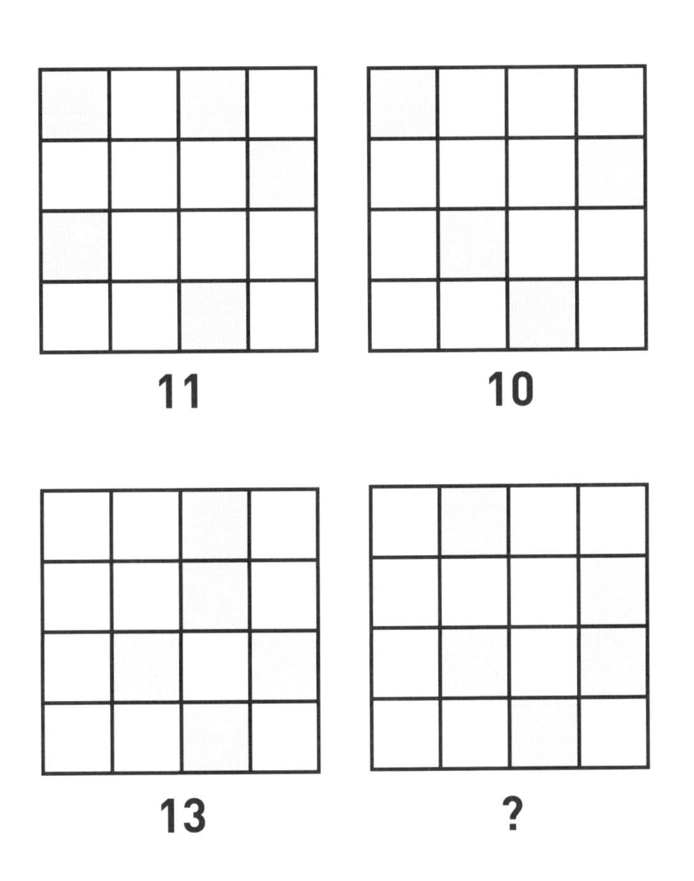

답:188쪽

다음 표의 숫자들은 특별한 규칙을 가지고 있다. A와 B에는 어떤 숫자가 들어가야 할까?

	34				32			32	
	24		A						
				11					
	24							B	
		21			22				
							11		
	14								

답:188쪽

사과를 4명의 아이들에게 똑같이 나눠주면 3개가 남고, 7명의 아이들에게 똑같이 나눠줘도 3개가 남고, 5명의 아이들에게 똑같이 나눠줘도 3개가 남는다. 위 조건에 맞는 사과의 개수 중 가장 적은 개수는 몇 일까?

답: 188쪽

015

다음 표의 물음표에는 어떤 숫자가 들어가야 할까?

2	7	4
6	◎	9
1	4	15

→

	4	
1	◎	15
?	6	

답 : 189쪽

오늘은 제이가 아빠에게 블록 놀이를 하자고 조르고 있다. 연구하느라 언제나 바쁜 원 박사는 제이와 놀아줄 시간이 없자 문제를 풀면 놀아주겠다고 하고는 연구실로 들어갔다. 하지만 채 1분도 지나지 않아 원 박사는 제이 손에 이끌려 방에서 나와야 했다. "문제가 쉽지 않았을 텐데…. 이 녀석, 어떻게 풀었지?"

원 박사가 제이에게 낸 문제는 다음과 같다.

1. ♡♡♡♡♡♡와 ☆◇◇◇는 무게가 같다.

2. ☆☆☆☆◇◇와 ♡♡♡♡♡♡♡♡는 무게가 같다.

그렇다면 ☆☆☆◇◇◇◇는 ♡ 몇 개와 무게가 같을까?

제이의 오빠 온유가 머리를 싸매고 문제를 풀고 있다. 열한 살인 온유는 아버지 원 박사가 낸 문제를 가지고 1시간째 끙끙 앓고 있는 중이었다. 나름 똑똑하다고 자부하는 온유는 자존심이 상해서 천재인 동생 제이에게 물을 수도 없었다. 그때 제이가 다가와 물었다. "오빠, 뭐하고 있어?" 온유는 태연한 척 제이에게 문제를 냈다. 마치 자신은 답을 알고 있다는 듯이…. 그런데 제이가 단 3분 만에 문제를 풀어버리는 게 아닌가!

다음 표에 있는 ◇, ☆, ♡ 세 기호는 서로 다른 고유의 자연수를 가지고 있다. 아래와 옆에 있는 숫자는 가로 또는 세로의 합이다. 물음표에 들어갈 기호와 그 기호가 가진 고유한 자연수는 무엇일까?

☆	♡	♡	29
◇	♡	☆	
☆	◇	?	
	22	31	

 답: 189쪽

20개의 성냥개비를 8개와 12개로 나누어 도형 2개를 만들어야 한다. 단, 12개의 성냥개비로 만든 도형은 8개의 성냥개비로 만든 도형 면적의 3배가 되어야 한다. 어떻게 만들어야 할까?

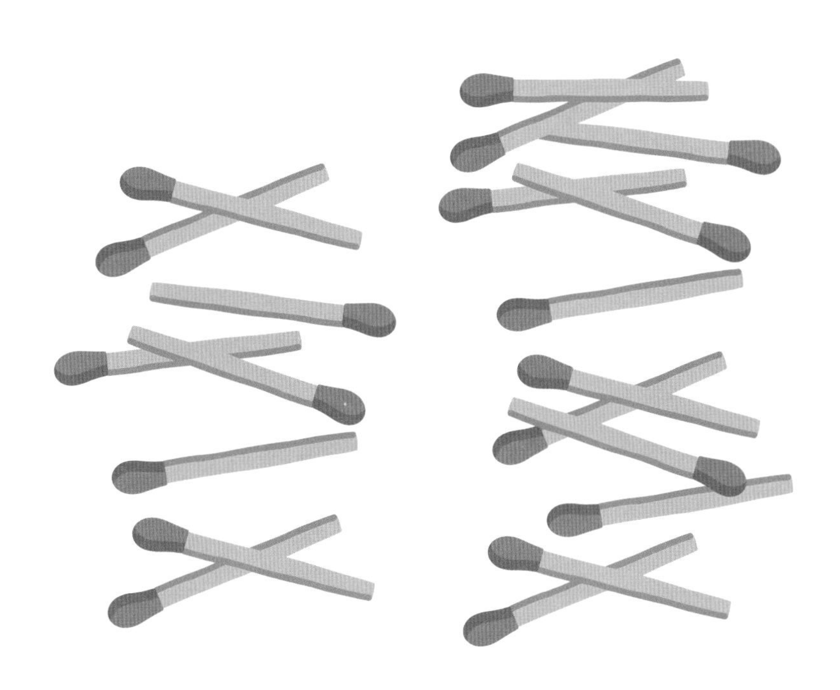

답: 190쪽

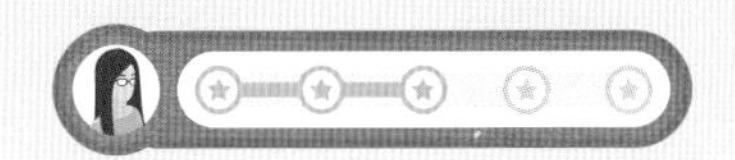

다음에 나오는 도형과 숫자는 특별한 규칙을 가지고 있다. 물음표에는 어떤 숫자가 들어가야 할까?

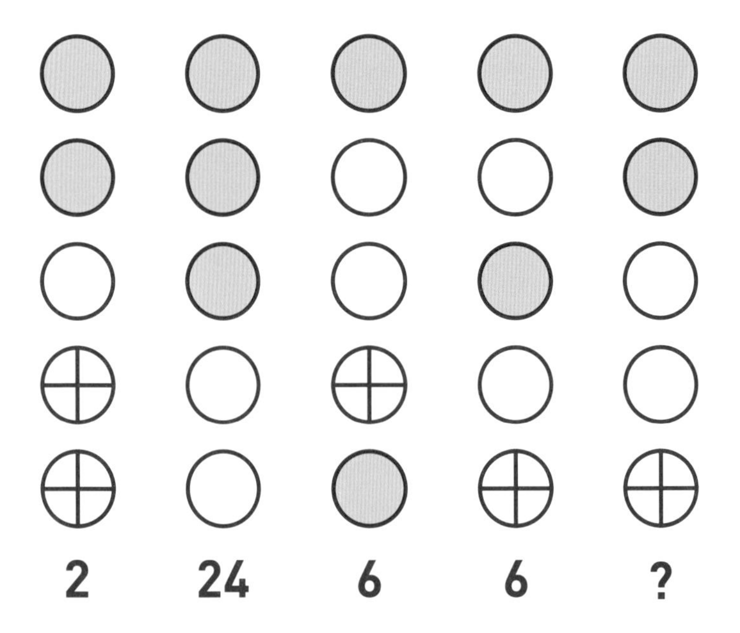

 답: 190쪽

네 명의 아이들이 모여서 백화점에서 쇼핑을 했다. 이 아이들은 모두 서로 다른 층에서 딱 한 가지씩만 물건을 샀다고 한다. 다음 조건들을 보고 추리해보자. 아이들이 산 물건은 각각 무엇일까?

1. 운동화는 1층에서 판다.
2. 희백이는 4층에서 물건을 샀다.
3. 예경이는 운동화와 바지를 사지 않았다.
4. 용운이는 5층에서 물건을 샀다.
5. 스마트폰은 3층에서 팔지 않는다.
6. 바지는 5층에서 팔지 않는다.
7. 물건을 산 곳은 1층, 3층, 4층, 5층이다.
8. 아이들이 산 물건은 액자, 운동화, 바지, 스마트폰이다.
9. 아이들의 이름은 희백이, 성균이, 용운이, 예경이다.

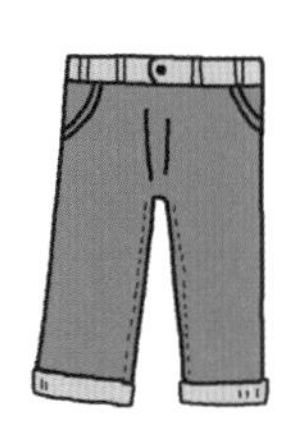
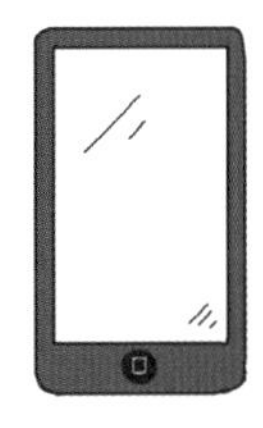

답: 190쪽

등식이 성립할 수 있도록 빈칸을 1~9의 숫자로 채워보자. 단, 곱하기와 나누기가 있더라도 앞에서부터 차례로 계산한다.(예를 들어 $2+4\div2=3$의 식을 풀 때 나누기 연산을 먼저 하지 않고 더하기, 나누기로 차례로 계산한다.) 각 빈칸에 어떤 숫자가 들어가야 할까?

	+	2	÷		=	
+						×
=						=
	−	4	÷		=	

 답:191쪽

022

오른쪽에 있는 숫자는 왼쪽에 있는 숫자들을 한 번씩만 사용하여 임의의 사칙연산에 대입하여 구한 결과다. A, B는 자연수이며 각 식에 적용되는 사칙연산과 사용되는 숫자의 순서는 항상 같다. 다음 '보기'를 참고해 보자. 자연수 A, B는 몇일까?

보기

2, 1, A, B → 11	$1+(2\times A)+B=14$	
3, 4, A, B → 21	$4+(3\times A)+B=21$	
8, 2, A, B → 39	$2+(8\times A)+B=39$	
5, 3, A, B → 28	$3+(5\times A)+B=28$	A=4, B=5

2, 3, A, B → 12

1, 4, A, B → 11

7, 2, A, B → 25

4, 5, A, B → 22

답:191쪽

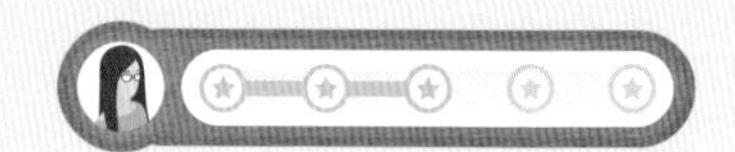

오른쪽에 있는 숫자는 왼쪽에 있는 숫자들을 한 번씩만 사용하여 임의의 사칙연산에 대입하여 구한 결과다. A, B는 자연수이며 각 식에 적용되는 사칙연산과 사용되는 숫자의 순서는 항상 같다. 다음 '보기'를 참고해 보자. 자연수 A, B는 몇일까?

보기

2, 1, A, B	→ 11	1+(2×A)+B=14	
3, 4, A, B	→ 21	4+(3×A)+B=21	
8, 2, A, B	→ 39	2+(8×A)+B=39	
5, 3, A, B	→ 28	3+(5×A)+B=28	A=4, B=5

1, 3, 6, A, B	→ 3
2, 4, 4, A, B	→ 8
3, 2, 4, A, B	→ 9
3, 4, 8, A, B	→ 9
5, 2, 8, A, B	→ 13

답: 191쪽

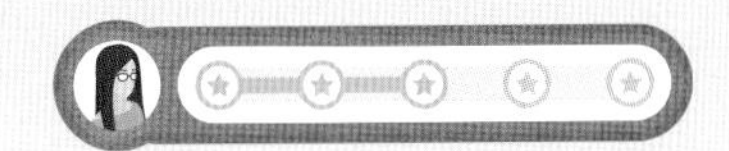

35개의 나무 울타리를 이용해 큰 땅 안에 중간 땅이, 중간 땅에 작은 땅이 들어가는 3개의 정사각형으로 구획 정리가 되어 있는 농상이 있다. 그런데 어느 날 누군가 다음 그림과 같이 울타리들을 옮겨버렸다. 울타리를 딱 4개만 움직여서 원래의 농장으로 만들려면 어떻게 해야 할까?

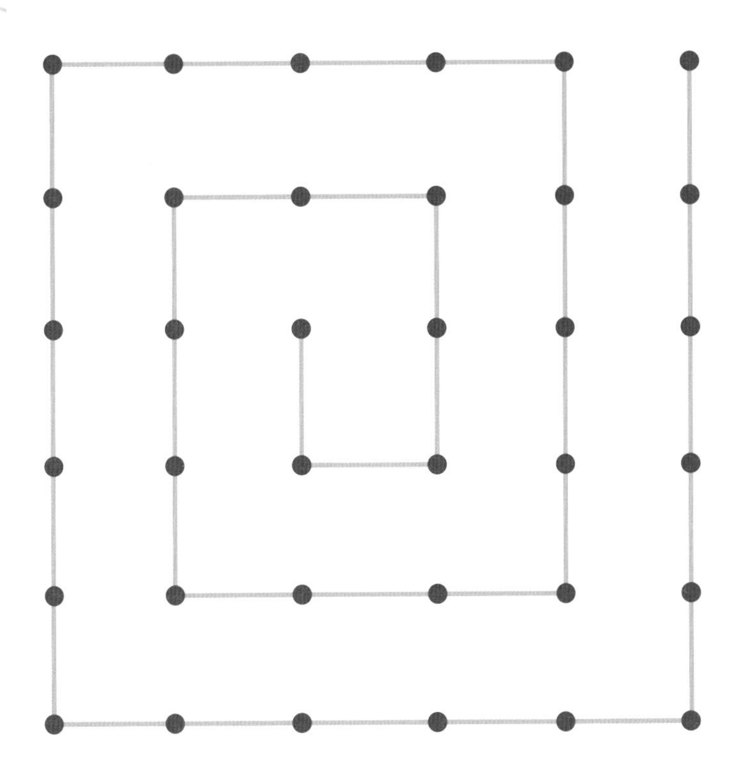

답: 191쪽

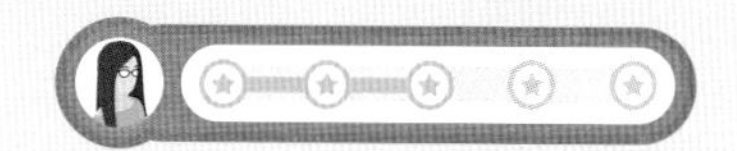

등식이 성립할 수 있도록 10개의 빈칸에 한 자리 숫자를 채워보자. 숫자는 중복될 수 있다. 단, 곱하기와 나누기가 있어도 앞에서부터 차례로 계산한다.

5	−		+		=	4
+		+		+		×
	−		+	4	=	
−		+		×		÷
	×	2	−		=	
=		=		=		=
4	×		÷		=	4

 답:192쪽

026

'보기'처럼 주어진 숫자와 기호 들을 이용해 올바른 등식을 만들어보자. 숫자와 기호는 한 번씩만 사용하되 모두 사용해야 한다. 또한 등호(=) 뒤에는 계산의 결과값만 들어가야 하며 '=5×6'과 같은 수식이 들어가서는 안 된다.

보기

15, 21, 4, 2, 2, (,), −, +, ÷, = ⇨ (21−15+2)÷2=4

1. 1, 3, 3, 8, ×, −, =

2. 2, 3, 4, 18, (,), +, ÷, =

3. 1, 2, 3, 3, 4, 8, +, +, ×, ÷, =, (,), (,)

4. 1, 2, 3, 3, 3, 15, +, +, −, ×, =, (,)

5. 1, 2, 2, 4, 4, 16, +, +, −, ÷, =, (,), (,)

6. 2, 2, 3, 3, 6, 12, 19, 22, (,), (,), +, +, +, +, ×, ÷, =

답: 192쪽

027

제이와 온유가 운동장에 그림을 그리며 놀고 있었다. 삼각형과 사각형을 그리며 노는 모습을 보고 엄마가 문제를 냈다.

다음 삼각형 그림의 각 꼭짓점과 가운데에는 숫자가 매겨져 있다. 마지막 삼각형 안에 있는 물음표의 값은 무엇일까?

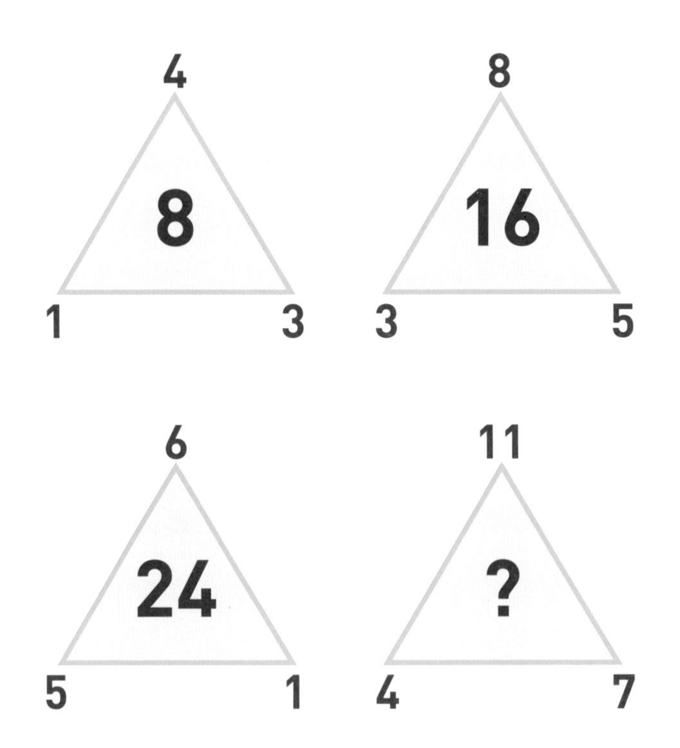

답 : 192쪽

028

지뢰들이 묻혀 있는 지역이 있다. 깃발의 위치와 숫자판 암호로 지뢰 매설 지역을 알 수 있다고 한다. 깃발이 있는 칸 상하좌우에는 반드시 1개 이상의 지뢰가 있으며, 칸 밖의 숫자는 해당 줄에 매설되어 있는 지뢰의 총합이다. 과연 지뢰가 묻혀 있는 곳은 어디일까?

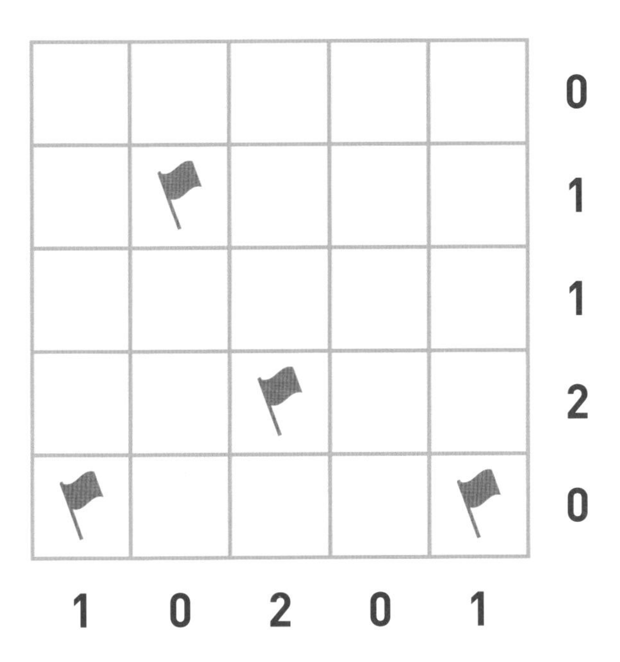

답: 192쪽

다음 도형에 있는 숫자들은 특별한 규칙을 가지고 있다. 물음표에 들어갈 숫자는 무엇일까?

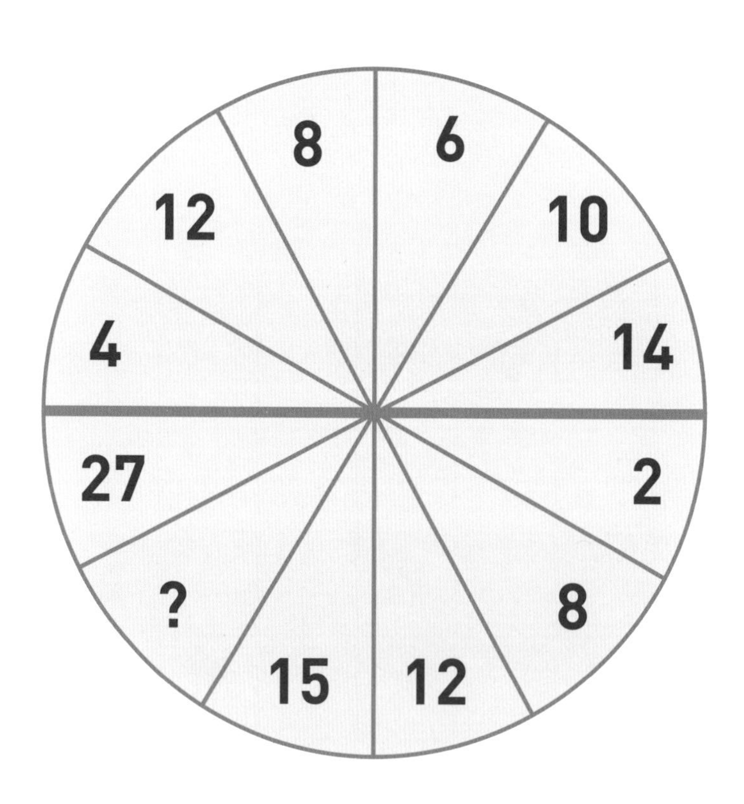

 답:192쪽

다음 조건으로 주어진 숫자와 기호 들을 이용해 올바른 등식을 만들었을 때 등호(=) 뒤에 결과값으로 나오는 수는 무엇일까? 규칙을 참고하여 결과값을 알아내보자.

규칙

1. 숫자와 기호는 모두 한 번씩만 사용해야 하며 사용하지 않는 것이 없어야 한다.
2. '=' 뒤에는 계산의 결과값만 들어가야 하며 '=5×6'과 같은 수식이 들어가서는 안 된다.
3. '2, 2'를 22와 같이 사용해서는 안 된다.

2, 2, 3, 3, 6, 12, 19, 22, (,), (,), +, +, +, +, ×, ÷, =

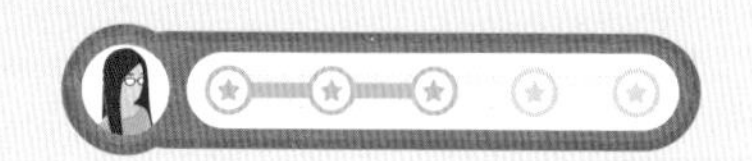

다음 그림과 같이 구슬들이 놓여 있다. 철수와 순이가 이 구슬들을 이용해 게임을 하고 있다. 먼저 시작하기로 한 철수가 반드시 이기기 위해서 처음으로 가져와야 할 구슬 그룹은 보기 A~D 중 어느 것일까? 규칙은 다음과 같다.

규칙

1. 한 사람이 한 번씩 번갈아서 구슬을 가져올 수 있다.
2. 자기 차례가 오면 반드시 1개 이상의 구슬을 가져와야 한다. 이때 같은 세로줄에 있는 구슬은 여러 개를 동시에 가져올 수도 있지만 다른 줄에 있는 구슬은 동시에 가져올 수 없다.
3. 마지막 1개 남은 구슬을 가져오는 사람이 진다.

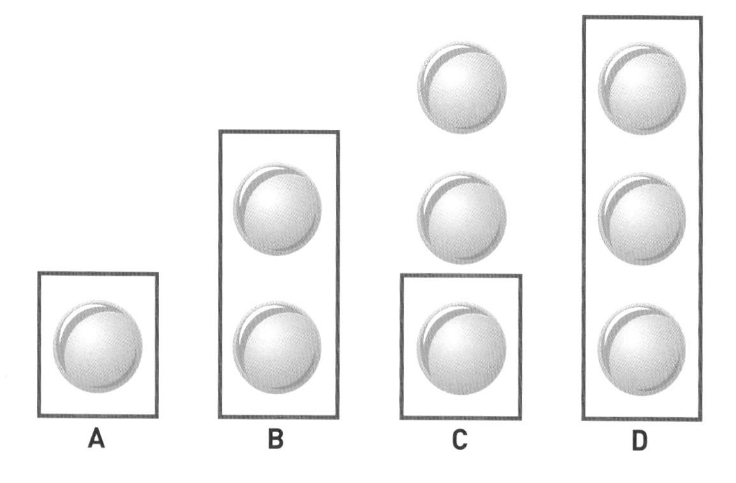

 답: 193쪽

032

물음표 자리에 와야 할 표는 보기 A~D 중 어느 것일까?

2	2	2	?
9	4	4	?
4	7	7	?
7	1	1	?
1	3	3	
3	8		
8			

A	B	C	D
4	1	2	4
1	2	4	7
2	4	1	1
3	3	3	3

답: 193쪽

033

다음 표의 숫자들은 특별한 규칙을 갖고 있다. 물음표에는 어떤 숫자가 들어가야 할까?

4	5	5	5	5
3	3	4	4	4
8	8	8	2	8
1	1	1	8	?

답: 193쪽

사탕이 몇 개 있다. 이 사탕을 아이들에게 5개씩 나눠주려고 하니 2개가 남아서 고민하고 있는데 선생님께서 오셔서 다른 반 아이들에게도 사탕을 나눠줘야 한다며 정확히 절반을 갖고 가셨다. 하지만 조금 뒤에 사탕이 남는다며 7개를 다시 가져다주셨다. 그런데 갑자기 철이가 배가 아프다며 양호실로 가버렸다. 철이를 빼고 사탕을 3개씩 나눠주면 딱 맞게 된다.

아이들은 모두 몇 명일까?

답: 193쪽

035

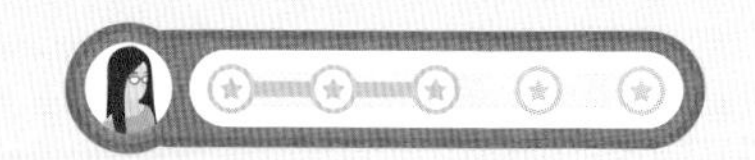

표 안에 적혀 있는 숫자를 가로, 세로 방향으로 각각 더하면 항상 150이 된다. 조각끼리 겹칠 수 있다. 표를 완성하는 데 필요 없는 조각 2개는 보기 A~H 중에서 어느 것일까?

15	25	41	16	21	32
12		17			
43		21		28	36
25				32	
18	27	34	18	21	
37				26	

A

18
28
15

B

16
32
13

C

46
17
26

D

32
5
33

E

46	22	21

F

33	18	26

G

23	36	24

H

28	19	27

답: 194쪽

다음 단어들은 특별한 규칙을 가지고 있다. 물음표 자리에 올 수 있는 단어는 보기 A~D 중에서 어느 것일까?

A Accept **B** Korean **C** Credit **D** Minute

답: 194쪽

다음 그림에서 각 층의 사칙연산이 모두 성립하도록 1~9의 자연수를 사용해서 보라색으로 칠해진 빈칸들을 채워보자. 단, 같은 수는 2번 이상 사용할 수 없으며 칸의 넓이와 상관없이 한 칸에는 하나의 숫자만 들어간다. 빈칸에 들어갈 숫자는 무엇일까?

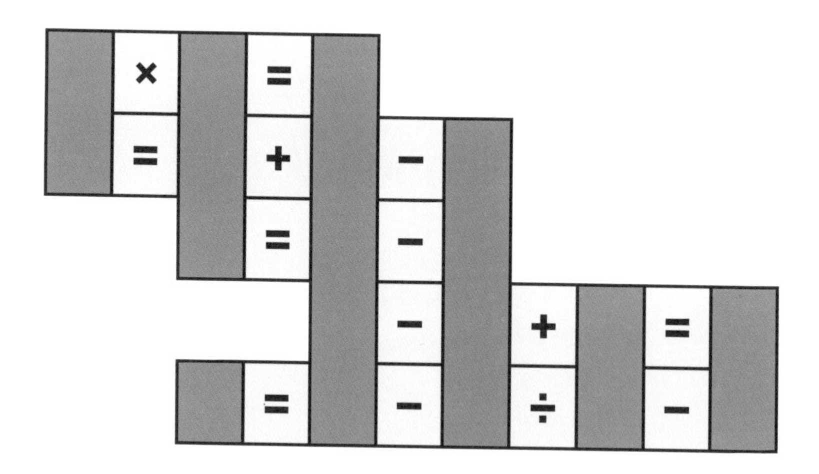

 답: 194쪽

금고 4개를 모두 열어라! 금고를 하나씩 열 때마다 난이도는 조금씩 높아진다.

첫 번째 금고

오늘은 제이의 생일이다. 원 박사는 항상 제이의 선물을 작은 금고에 넣어두고 문제를 낸다. 못 풀면 선물을 가질 수 없다. 하지만 천재 꼬마 제이는 이번에도 금고 번호를 금세 맞혔다. 금고 번호 힌트는 4가지다. 금고 번호를 맞혀보자.

힌트

1. 금고 번호는 8자리이다.
2. 첫 번째 번호부터 두 자리씩 묶었을 때 두 숫자의 합들은 모두 같다.
3. 0부터 7까지의 숫자가 한 번씩만 들어간다.
4. 위 세 조건을 만족하는 8자리 수 가운데 가장 큰 수가 금고 번호다.

답: 194쪽

두 번째 금고

배수의 개념을 알게 된 온유가 제이 앞에서 배수의 특징을 설명하는 모습을 보고 원 박사가 금고를 이용해 온유를 시험해보았다. 물론 금고에는 맛있는 아이스크림을 넣어두었다. 5분 안에 문제를 풀지 못하면 아이스크림은 다 녹아버린다. 과연 온유는 금고를 열고 아이스크림을 제이와 나눠 먹을 수 있을까? 다음 힌트에 맞는 금고 번호는 무엇일까?

힌트

1. 금고 번호는 10자리이며 0부터 9까지의 숫자가 한 번씩만 사용된다.
2. 첫 번째 번호부터 두 자리씩 묶으면 두 자릿수 숫자 5개가 나온다. 이 5개의 수는 모두 같은 숫자의 배수이다.
3. 두 번째 힌트에 나오는 5개의 수들은 각각 십의 자리와 일의 자리에 있는 숫자를 합쳐도 같은 숫자의 배수가 나온다.
4. 위 조건을 만족하는 수의 나열 중 가장 큰 수가 금고 번호이다.

 답:194쪽

040

세 번째 금고

원 박사의 딸 제이가 아까부터 계속 원 박사의 금고를 만지작거리고 있다. 아빠가 준 힌트를 들었지만 무슨 뜻인지 아직 잘 모르는 것 같다. 원 박사는 당분간 제이가 놀자고 귀찮게 하진 않겠다는 생각을 하며 흐뭇해했다. 한창 연구에 집중하고 있을 무렵, 제이가 소리를 지르며 좋아하는 소리가 들려왔다. 손에는 원 박사가 아내 몰래 금고 속에 숨겨둔 비상금을 손에 쥔 채로 말이다!

"아빠, 이 돈으로 놀이공원 놀러 가요!"

제이가 푼 금고 번호는 무엇일까?

힌트

1. 금고 번호는 6자리로, 0~9의 숫자 중 6개가 한 번씩만 사용된다.
2. 금고 번호 6자리를 첫 번째 번호부터 두 자리씩 묶으면 모두 소수(1과 자기 자신만으로 나누어지는 1보다 큰 양의 정수)가 된다.
3. 각 2자리 소수는 연속된 숫자이며, 각각 십의 자리와 일의 자리에 있는 숫자를 합해도 소수가 된다.
4. 완성된 6자리 숫자 중 가장 큰 수가 금고 번호이다.

답: 195쪽

041

네 번째 금고

M은행 금고에는 금괴와 현금 다발이 가득하다. 이 금고는 오른쪽으로 한 번, 왼쪽으로 한 번 번갈아 돌려 다섯 번 번호를 맞춰야 하는 5단 다이얼식 금고로, 번호판의 모양은 오른쪽 그림과 같다. 하지만 보안상 금고 번호를 자주 변경하도록 되어 있어 일일이 기억하기도 힘들지만 적어놓는 것은 더 위험하다. 그래서 김 지점장은 원 박사의 조언대로 몇 가지 규칙을 만들어놓고 매번 금고 번호를 변경해왔다.

그런데 어느 날 규칙 중 2단인 '변경일'과 4단인 '김 지점장만이 알고 있는 특정 숫자'를 잊어버리고 말았다. 원 박사에게 황급히 전화를 걸었지만 박사는 집에 없고 딸 제이가 대신 전화를 받았다. 금고 문을 당장 열지 못하면 은행 영업을 시작할 수 없다. 김 지점장은 지푸라기라도 잡는 심정으로 제이에게 규칙을 알려주었다. 제이는 과연 이 문제를 해결할 수 있을까? 2단 번호와 4단 번호는 무엇일까?

규칙

1. 금고는 1부터 80까지 번호가 매겨져 있는 다이얼식이며, 금고 번호는 변경월일에 따라 달라진다.
2. 1단은 변경월의 180도 반대편에 있는 숫자이다.
3. 2단은 변경일만큼 이동한 숫자에서 90도 더 이동한다.
4. 3단은 1단과 2단의 번호를 합한 값의 절반만큼 이동한다.(소수점은 반올림한다.)
5. 4단은 김 지점장만이 알고 있는 특정 숫자만큼 이동한다.
6. 5단은 변경월과 변경일을 합한 수만큼 이동한다.
7. 금고 번호의 일부는 '52 – ? – 29 – ? – 21'이다. 2단과 4단의 숫자를 알아내어 금고 번호를 완성하라.

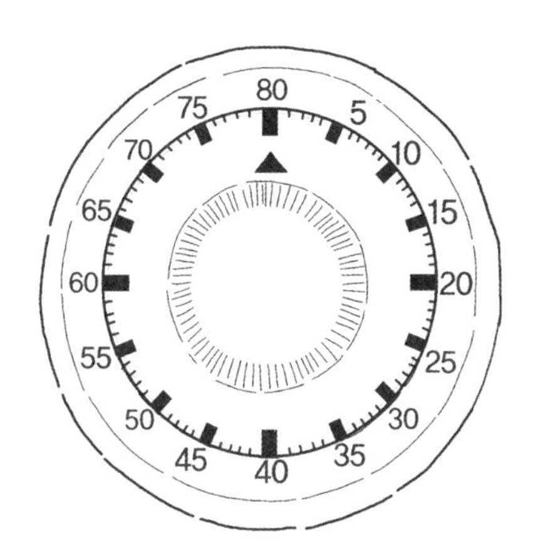

답 : 196쪽

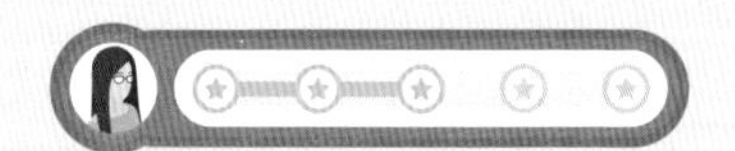

다음 표에서 가로줄, 세로줄, 대각선 방향으로 같은 숫자가 한 번도 겹치지 않도록 1~5의 숫자를 채워보자. 빈칸에는 어떤 숫자가 들어가야 할까?

				5
			4	
		2		
	3		5	
1				

답: 197쪽

다음과 같이 17개의 빈칸이 있는 도형과 1부터 4까지 숫자가 적힌 동전 17개가 있다. 이 중에서 1이 적힌 동전은 6개, 2가 적힌 동전은 3개, 3이 적힌 동전은 3개, 4가 적힌 동전은 5개다. 각 빈칸에 1개씩의 동전을 올려놓아 동전에 적혀 있는 수를 연결된 직선 방향으로 더한 값이 항상 11이 되어야 한다. 숫자를 어떻게 배치해야 할까?

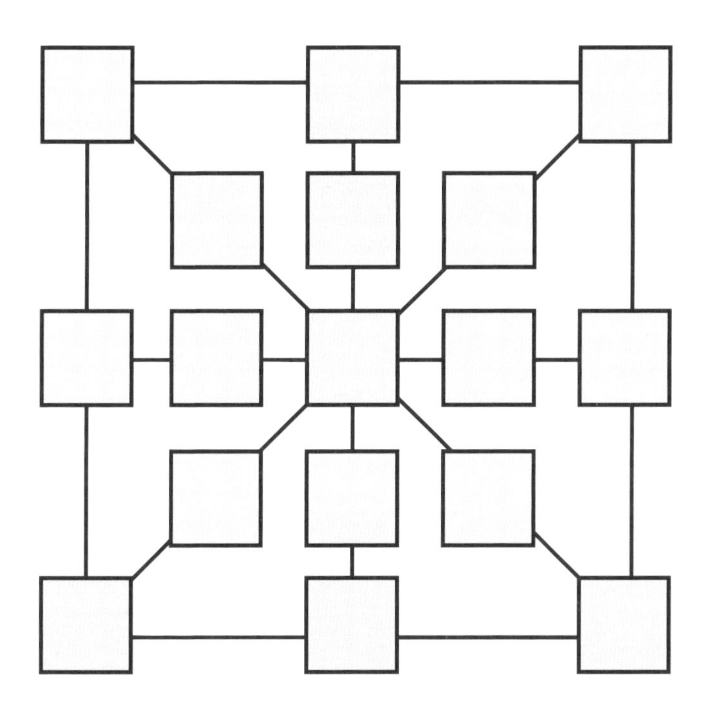

답: 197쪽

두 아버지의 대화를 참고했을 때 B의 아이들은 각각 몇 살일까?

A: 오랜만이야, 반갑네.

B: 정말 오랜만일세. 마지막으로 본 지 오늘로 딱 2년이 됐군.

A: 그러게 말이야. 아이들은 잘 크고 있지?

B: 말도 마. 막내가 어찌나 장난이 심한지 힘들어 죽겠어.

A: 하하, 그래도 자네 애들은 나이 차가 있어서 다행이지 않은가.

B: 그나마 다행이지. 얼마 안 있으면 환갑이니 정년도 생각해야 하고, 애들도 셋이나 되니 교육비도 무시 못 하고.

A: 환갑이라, 하긴 자네는 나보다 1살이 많지. 그러고 보니 지금 자네 아이들 나이를 모두 곱하면 우리 나이를 합한 것과 똑같겠군.

답: 198쪽

큰 원 속에 있는 작은 동그라미에는 1~10의 서로 다른 자연수가 들어간다. 그렇다면 4개의 큰 원 속에 있는 숫자들의 합이 모두 같아지려면 물음표에는 어떤 숫자가 들어가야 할까?

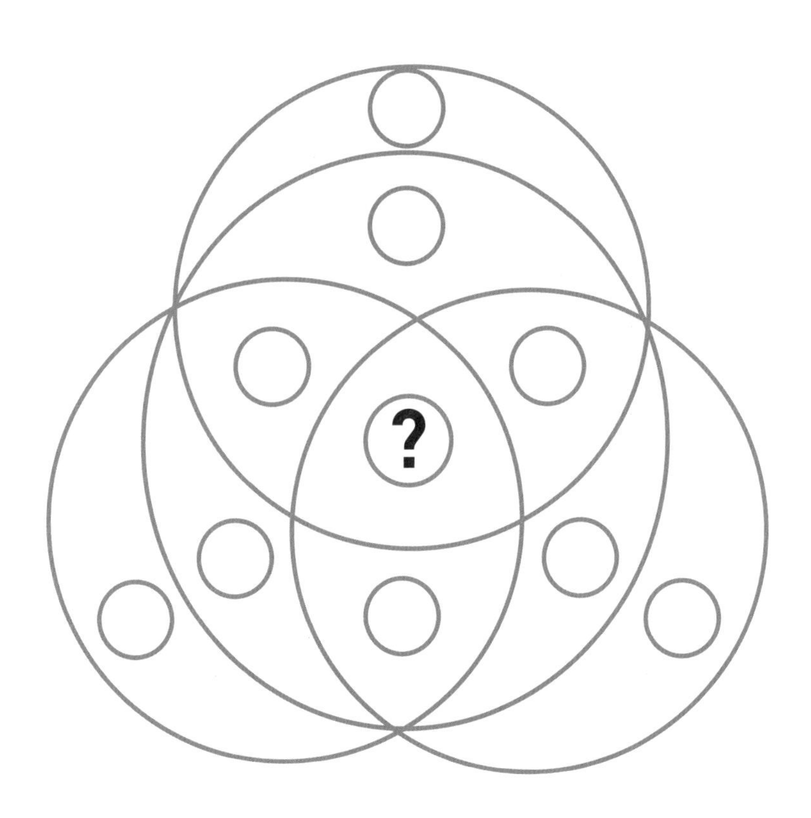

답:198쪽

046

아래 그림의 사각형 속 숫자는 굵은 선으로 자신을 둘러싸고 있는 영역이 몇 칸인지를 나타내고 있다. '보기'를 참고하여 굵은 선으로 사각형을 나누어보자.

보기

	4	3
1		

→

1	4	3
1		

	1		4	
	3	1	3	
	2	4	2	

답: 198쪽

굵은 선으로 표시된 각각의 네모 칸 속에 1~8의 숫자가 들어 있다. 각 가로줄과 세로줄에 겹치는 숫자가 없도록 빈칸을 채워보자.

	6	7	5	2	1		
	1				5	7	6
2							
3						8	5
5			6				1
							3
7						4	
1	2	3			8	6	7

답: 198쪽

048

서로 다른 숫자들이 적혀 있는 카드 4장이 뒤집혀 있다. 이 중 가장 큰 수를 제외하면 홀수가 적힌 카드는 1장, 짝수가 적힌 카드는 2장이다. 카드를 2장만 뒤집어 나온 숫자들을 4번 반복해서 더했더니 각각 17, 14, 12, 18이 나왔다. 이때 숫자 둘을 더했을 때 짝수가 3번(14, 12, 18) 나왔다는 점이 키포인트다. 가장 큰 수는 무엇일까?

답: 199쪽

049

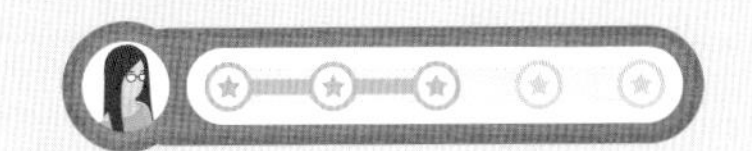

표 안에 적혀 있는 숫자들을 가로, 세로 방향으로 더했을 때 그 합이 모두 같은 숫자가 나오도록 만들려고 한다. 조각끼리 겹칠 수 있다. 표를 완성하는 데 필요 없는 조각은 보기 A~H 중에서 어느 것일까?

	11	5	8	13	14	
	12	7				
	7	18	7	6	9	
				19	6	
14	5	14		11	23	11
12	22	15		13	3	4
				10	4	3

A	B	C	D
7	31	22	3
8	2	19	8
13	11	20	15
6	16	1	8

E	17	20	13	16
F	20	17	10	16
G	6	6	11	31
H	5	8	21	19

답:199쪽

사각형 속의 숫자는 사각형의 각 모서리 도형에 있는 숫자들의 합이다. '보기'와 같이 빈칸에 알맞은 숫자를 채워보자. 단, 모서리의 빈칸에는 한 자릿수 홀수(1, 3, 5, 7, 9)만 들어갈 수 있다.

보기

3		3		1
	12		18	
1		5		9
	16		18	
7		3		1

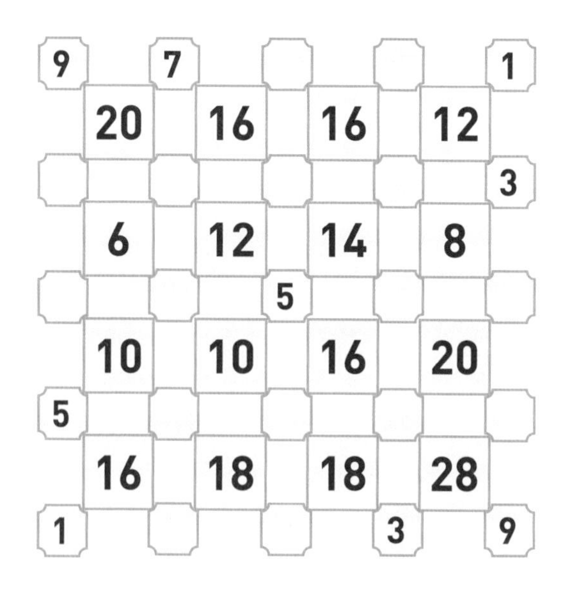

답:199쪽

051

'보기'와 같이 각 블록들을 네모 칸에 넣어보자. 도형 속에 있는 숫자는 자신을 제외한 주변(3×3 칸)에 있는 노란색 칸의 개수를 뜻한다.(같은 블록에 있는 노란색 칸은 포함되지 않는다.) 단, 블록들을 회전시킬 수는 있지만 뒤집을 수는 없다.

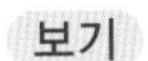

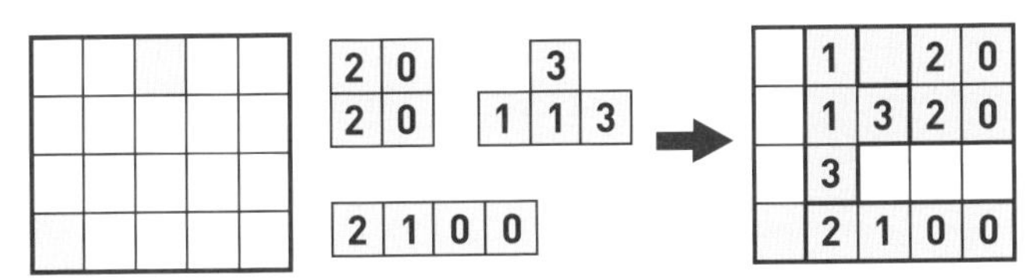

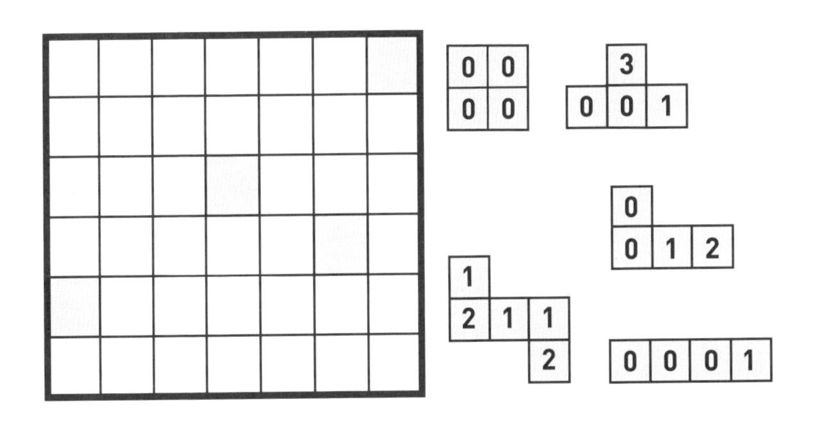

답:199쪽

상자 속에 물결무늬 장갑 4쌍, 줄무늬 장갑 3쌍, 체크무늬 장갑 2쌍이 들어 있다. 상자 속에 있는 장갑이 어떤 무늬인지 알 수 없는 상태에서 장갑을 1개씩 꺼내보자.

A 무작위로 장갑을 1개씩 꺼낼 때, 같은 장갑(무늬가 동일한)이 항상 2개 이상 나오게 하려면 최소한 몇 개의 장갑을 꺼내야 할까?

B 무작위로 장갑을 1개씩 꺼낼 때, 같은 무늬의 장갑 한 쌍(오른손과 왼손 1개씩으로 이루어진)이 나오게 하려면 최소한 몇 개의 장갑을 꺼내야 할까?

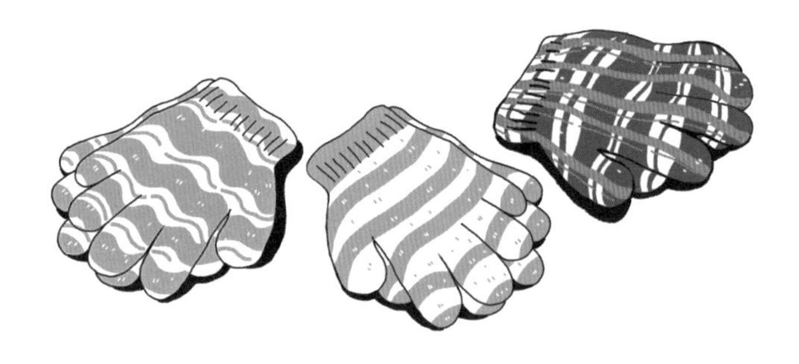

 답: 200쪽

053

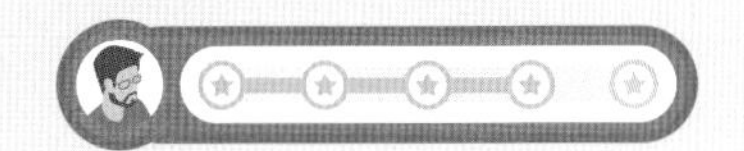

천재 꼬마 제이가 어느덧 중학생이 되었다. 제이는 얼른 새 친구들을 사귀고 싶었지만 그래도 나름 똑똑한 친구를 사귀고 싶었나 보다. 제이는 주위 친구들에게 몇 가지 문제를 냈다. 우선 쉬운 문제부터 보자. 다음과 같은 테트리스 조각들이 있다. 이 조각들을 조합해 4×4 정사각형을 만들어야 한다. 사각형의 모든 가로줄과 세로줄의 숫자들은 각각 합했을 때 같은 값이 나와야 한다. 또한 이와 별도로 두 대각선의 합도 같아야 한다. 이 조각들을 어떻게 조합해야 할까?

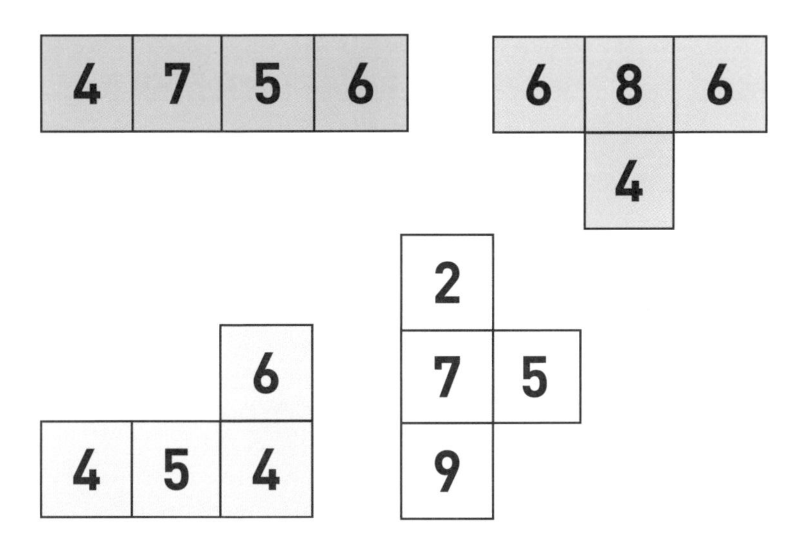

답: 200쪽

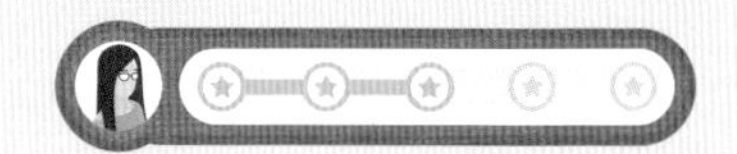

역시 똑똑해 보이는 친구들은 빠르게 문제를 맞혔다. 제이는 난이도를 좀 더 높여서 문제를 내보았다. 그러자 머리 쓰고 복잡한 것을 싫어하는 친구들은 모두 포기해버리고, 제이처럼 퍼즐 풀기와 머리 쓰기를 좋아하는 친구 셋이 남았다. 이번엔 아래 조각들로 5×5 정사각형을 만들어야 한다. 가로, 세로, 대각선의 합도 같아야 한다. 알파벳 A, B, C에 들어가야 할 숫자는 각각 무엇일까?

2
9
8
A

B 9 6
8

5
8 6 2

5
6
8
C
9

2 6
6 9

2
9 5
5

다음 조각들을 조합해서 가로줄과 세로줄의 숫자가 동일하게 배열된 6×6 정사각형을 만들어보자.(예를 들어 세 번째 가로줄의 숫자가 위에서부터 차례대로 5-4-2-6-3-1이라면 세 번째 세로줄의 숫자도 마찬가지로 왼쪽에서부터 차례대로 5-4-2-6-3-1이어야 한다.) 단, 조각들은 회전하거나 뒤집을 수 없다. 어떻게 해야 6×6 정사각형을 만들 수 있을까?

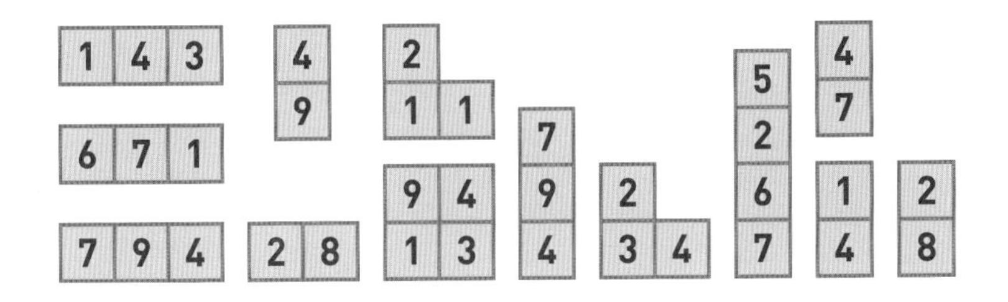

답: 200쪽

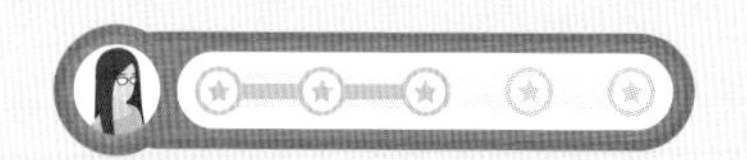

다음 도형의 숫자들은 특별한 규칙을 가지고 있다. 물음표에 들어가야 할 숫자는 무엇일까?

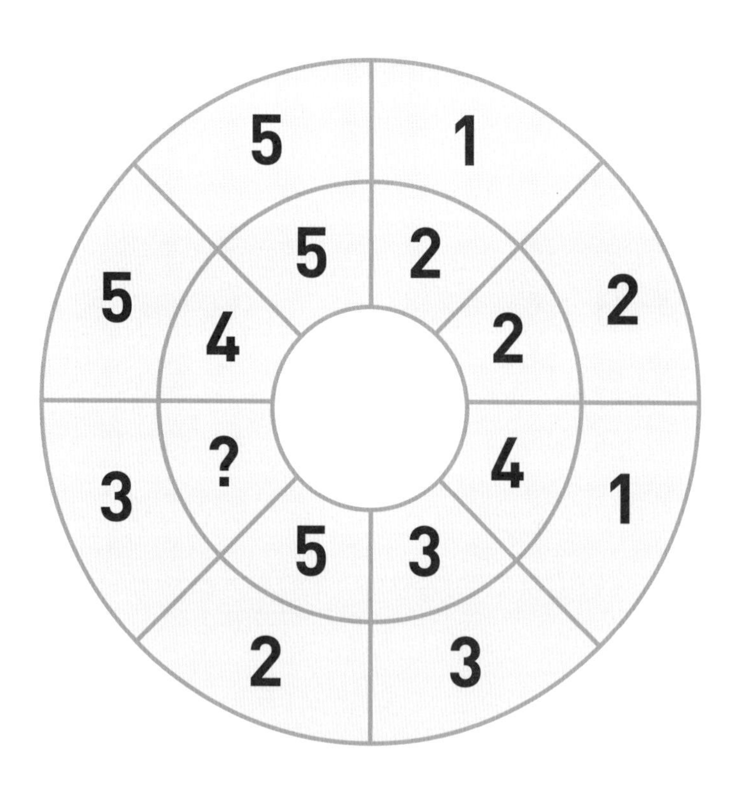

 답: 200쪽

057

다음 도형의 숫자들은 특별한 규칙을 갖고 변하고 있다. A, B에는 어떤 숫자가 들어가야 할까?

6					
2	9				
7	3	6			
0	1	2	3		
1	7	7	7	6	
3	2	1	2	2	A
9	6	3	6	3	B

답: 201쪽

058

다음 도형의 숫자들은 특별한 규칙을 가지고 있다. 물음표에 들어가야 할 숫자는 무엇일까?

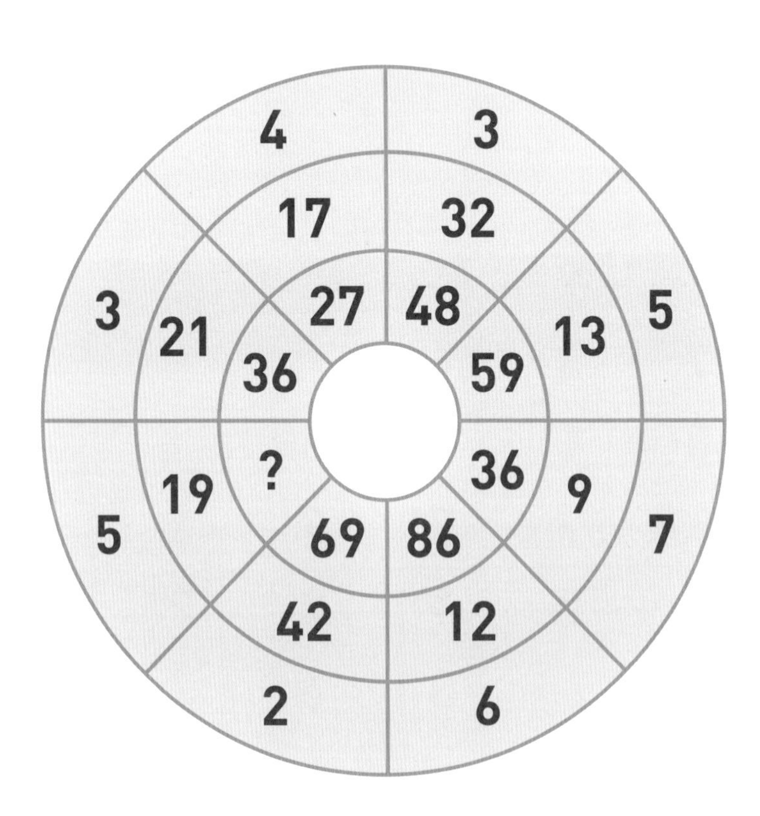

답: 201쪽

네모 칸 안의 숫자들은 어떤 특별한 규칙을 가지고 있다. 물음표에는 어떤 숫자가 들어가야 할까?

5	3	2	8
7	6	?	5
5	4	3	3
9	8	1	8

답: 201쪽

같은 모양의 주사위 3개가 다음 그림처럼 놓여 있다. 각 주사위들의 아래쪽 면에 있는 숫자 3개를 더한 값은 얼마일까?

참고로, 그림의 주사위는 대면의 합이 7이 되는 일반 주사위가 아니다.

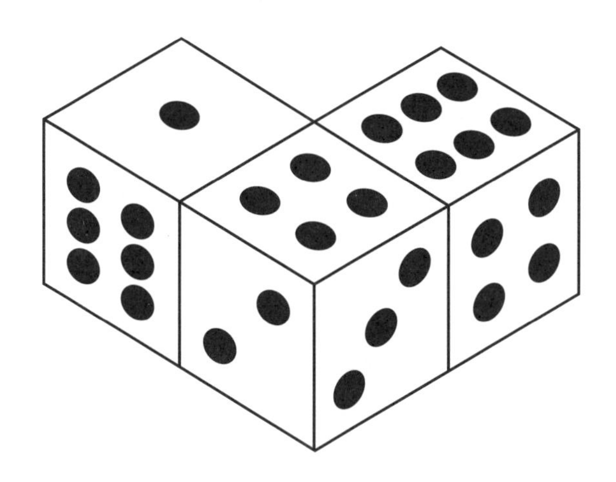

답: 201쪽

061

민호, 진승, 예경, 희백은 각기 다른 종류, 각기 다른 색깔의 자동차를 가지고 있다. 이들은 사는 곳 또한 모두 다르다. 다음 조건을 보고 이들이 소유하고 있는 자동차의 종류와 색깔, 사는 곳을 맞혀보자.

1. 빨간색은 예경이의 자동차가 아니다.
2. 민호는 일산에 살며, 예경이는 잠실에 산다.
3. 진승이의 자동차는 소나타다.
4. 회색 자동차를 가진 사람은 잠실에 살고 있으며, 진승이의 자동차는 검은색이다.
5. 민호의 자동차는 그랜저이며, 잠실에서 살고 있는 사람의 자동차는 카니발이다.
6. 강남에 사는 사람의 자동차는 흰색이 아니다.
7. 희백이의 자동차는 모닝이고, 신촌에 살고 있는 사람의 자동차는 모닝이 아니다.

답: 202쪽

도형들 중 나머지와 다른 것은 보기 A~F 중에서 어느 것일까?

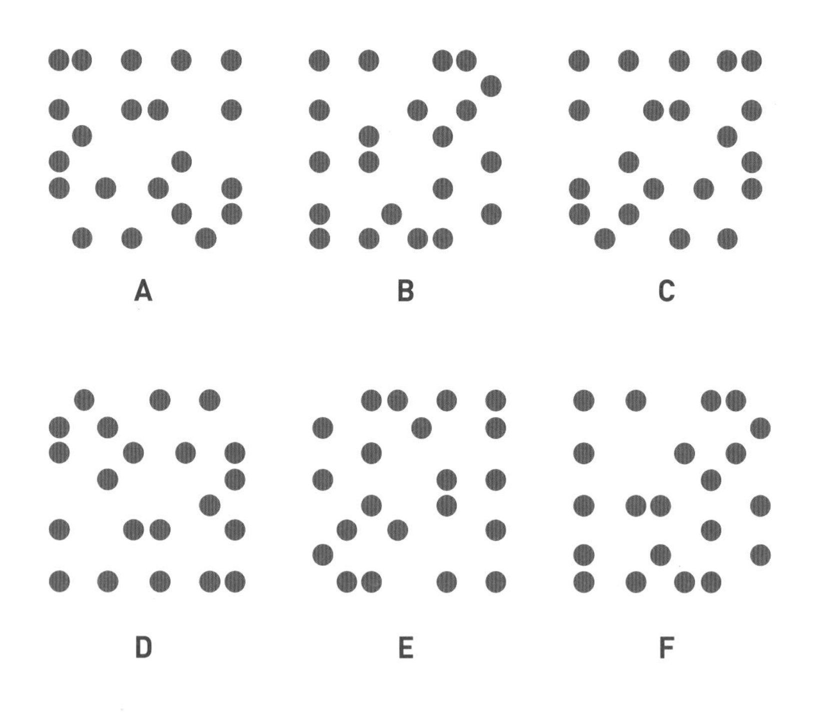

 답: 203쪽

10칸짜리 박스에 8개의 공이 있다. 이 공을 네 번만 움직여 '보기'의 공 배열을 아래 그림과 같이 바꾸려고 한다. 단, 공을 이동시킬 때에는 반드시 바로 옆에 있는 공 2개씩 한꺼번에 움직여야 한다. 어떻게 움직여야 할까?

보기

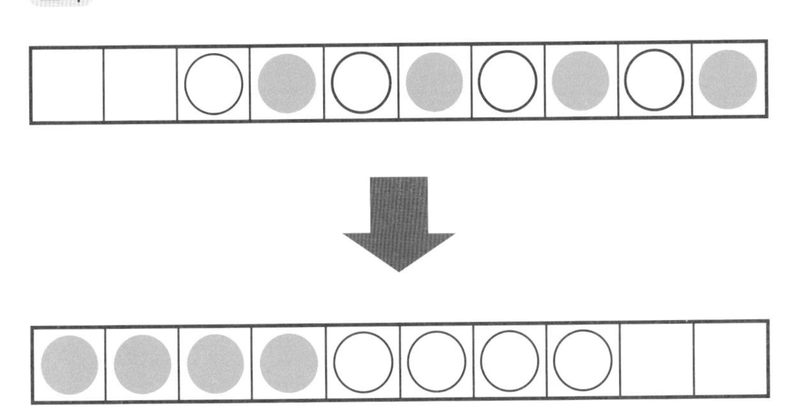

굵은 선으로 나눈 6개의 네모 칸 속에 1부터 6까지의 숫자를 한 번씩만 사용해서 가로세로 모두 숫자가 겹치지 않도록 빈칸들을 채우려고 한다. 어떻게 해야 할까?

1		3			2
		5	6		
	3		1	6	
4					3
6					5
			4		

답: 203쪽

다음과 같이 16개의 울타리로 만들어져 있는 정사각형 모양의 농장이 있다. 농장 내부에 딱 11개의 울타리를 더 사용해서 똑같은 면적을 가진 3개의 구획으로 다시 정리하려고 한다. 어떻게 배치해야 할까?

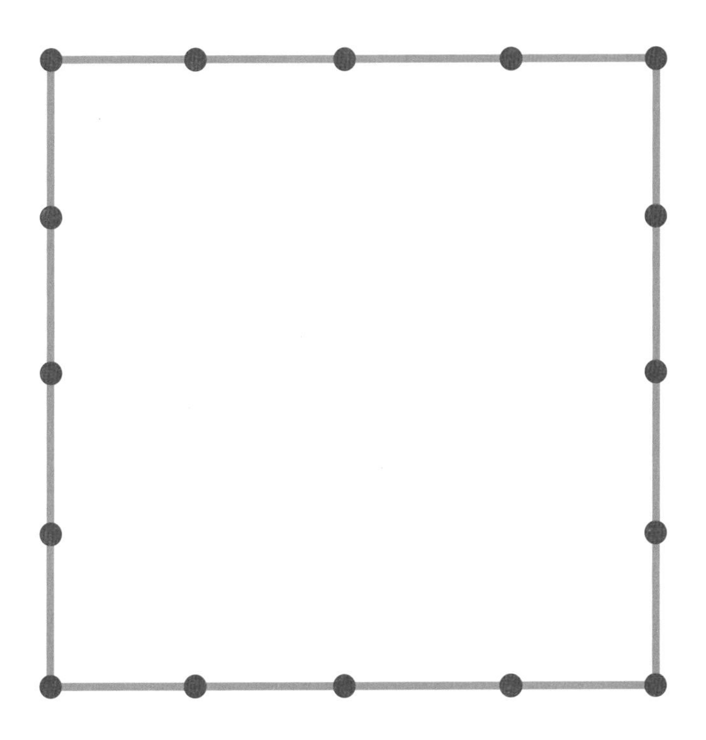

답: 203쪽

다음 표 안의 숫자들은 어떤 특별한 규칙에 따라 배열되어 있다. 빈 곳인 ♡, ☆에 들어갈 수 있는 사각형은 각각 어느 것일까?

1	4	5	2	3	6
6	1	♡	♡	6	1
3	8	♡	♡	1	6
6	☆	☆	7	4	3
1	☆	☆	6	7	8
4	3	6	1	2	3

A

3	7
2	1

B

2	6
1	3

C

5	2
1	3

D

3	2
2	7

E

3	2
1	5

F

8	3
1	6

 답: 203쪽

다음과 같이 정사각형 조각들로 만들어진 도형이 있다. 이 정사각형 조각들을 최소한의 횟수로 재조합하여 큰 정사각형을 만들려면 몇 조각으로 잘라야 할까?

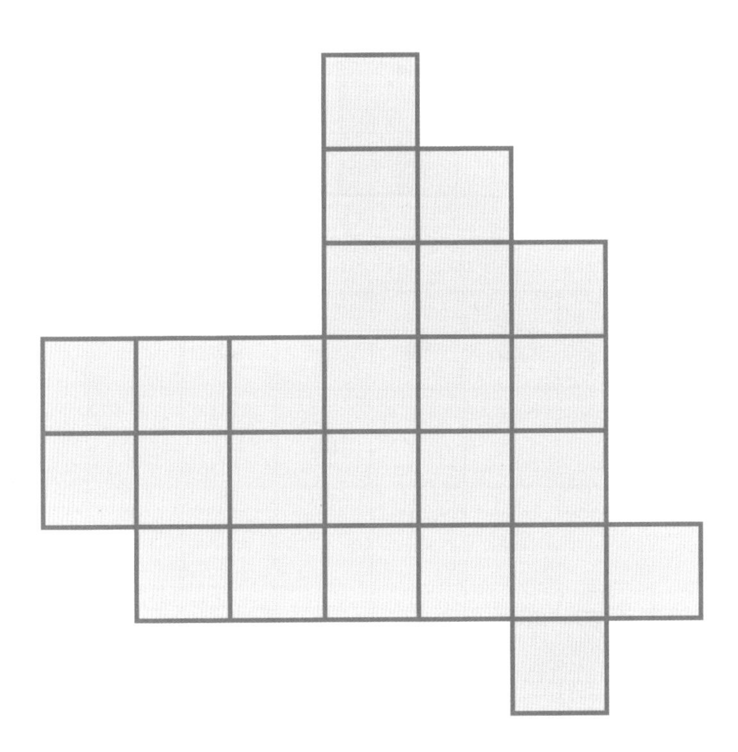

답: 204쪽

사각형 속 숫자는 자신을 둘러싸고 있는 굵은 영역이 몇 칸인지를 나타내고 있다. '보기'를 참고해서 사각형을 나누어보자. 어떻게 해야 할까?

보기

1	4	3
1		

→

1	4	3
1		

	2	4		3	
1			4		
	4				
2	1	1	3		
	4				1

답: 204쪽

다음 영어 단어들은 특별한 규칙을 가지고 배열되어 있다. 물음표에 들어갈 단어는 보기 A~D 중 어느 것일까?

Science

Student

Birthday

Seven

?

A School **B** Day **C** Multiplication **D** Pineapple

답:204쪽

070

이집트 피라미드의 수수께끼를 풀겠다고 해외로 나갔던 원 박사가 6개월 만에 집으로 돌아왔다. 원 박사는 희한한 상자를 하나 가지고 왔다. 아주 오래되고 신비스러워 보이는 상자였다. 어쩌면 피라미드에서 가져온 보물 상자 같기도 했다.

특이하게도 그 상자는 열쇠 구멍 대신 7개의 다이얼이 붙어 있었다. 제이는 연구실에서 한참을 끙끙거리는 아빠를 몰래 훔쳐보았다. 한참이 지나서야 아빠는 상자를 열고 너무나 감격해했다. 잠시 후 전화벨이 울리자 원 박사는 전화기를 들고 기뻐하며 밖으로 나갔다. 상자를 닫고 마지막 다이얼을 휘리릭 돌린 채.

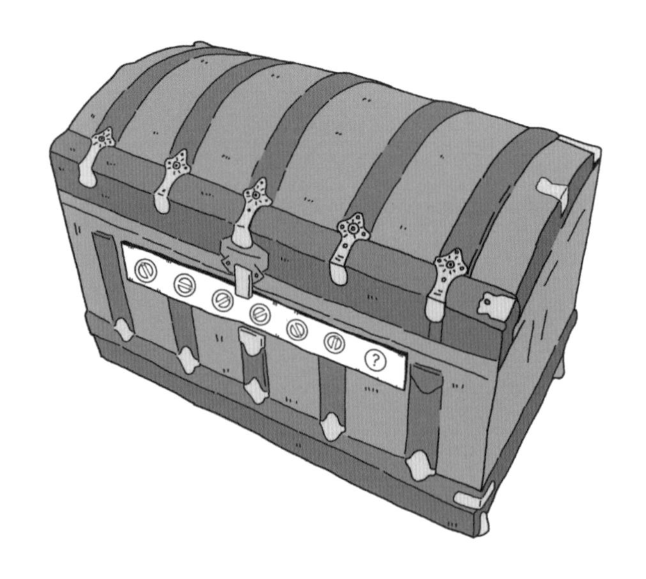

호기심 많은 제이는 마지막 다이얼을 돌려서 상자를 열어보고 싶었다. 각 다이얼은 45도씩 움직이며, 각 다이얼의 회전 정도는 전체적인 수열 규칙을 가지고 있는 것으로 보인다. 제이가 찾은 마지막 다이얼의 방향은 보기 A~G 중 어느 것일까?

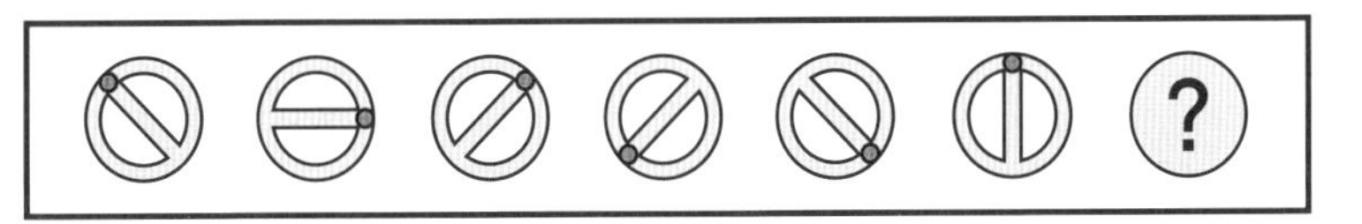

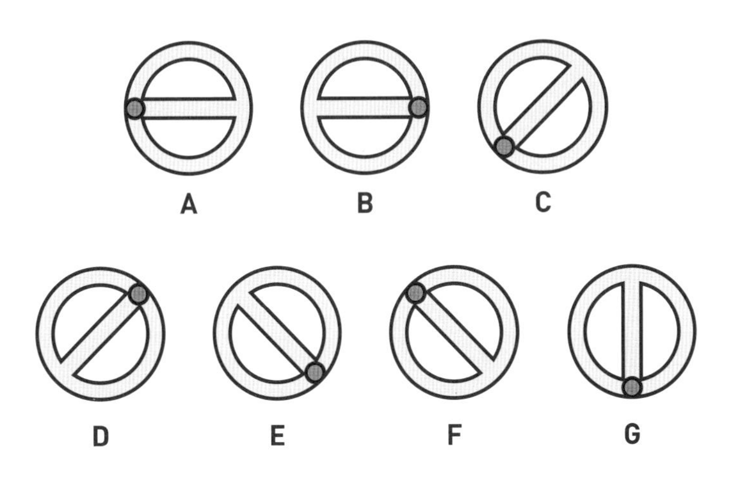

답: 204쪽

071

거실에서 전화를 끊고 연구실로 돌아온 원 박사는 깜짝 놀랐다. 박사가 잠그고 간 상자를 제이가 열어서 안을 들여다보고 있었기 때문이다.

"아니 제이야, 너 이거 어떻게 열었니? 함부로 손대면 안 돼!"

"아빠, 이거 뭐야? 보물이야?"

상자 안에는 다음과 같이 상형문자가 그려진 돌들이 있었다.

"이건 이집트 피라미드에서 가져온 상자란다. 내부에 비밀 통로로 들어가는 문들이 있는 것 같은데, 각 문마다 수수께끼를 풀어야 하는 것 같더구나. 이 상자에 있는 그림은 비밀 통로 지도인 것 같고, 이 돌에 쓰인 것들은 수수께끼로 보이지 않니? 이 마지막에 들어갈 문자가 무엇일까? 이제부터 풀어야 할 것 같구나. 이것들은 이집트 상형문자란다. 같이 풀어볼까?"

제이와 원 박사가 수수께끼들을 풀어나가고 있다. 마지막 돌에 들어가야 할 상형문자는 보기 A~E 중 어느 것일까?

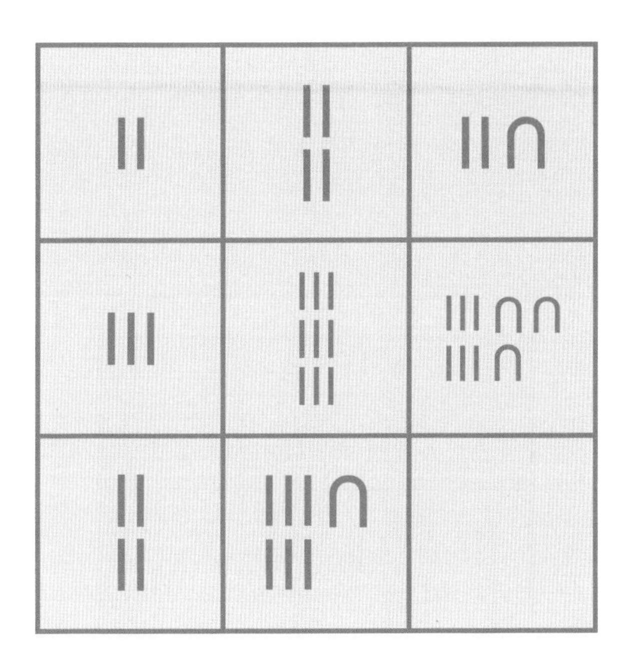

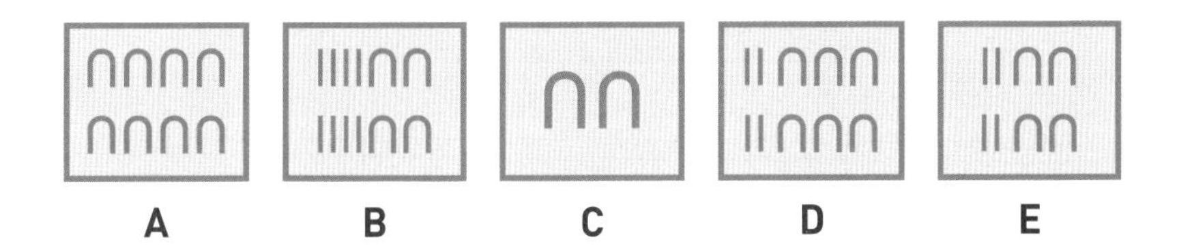
A
B
C
D
E

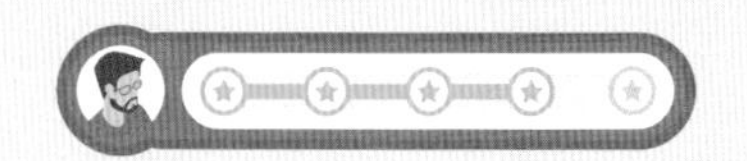

첫 번째 문의 수수께끼는 쉬웠는가? 자, 두 번째 수수께끼를 풀어 다음 문으로 들어가는 해답을 찾아보자. 이번엔 두 번째 줄의 세 번째 돌이 비어 있다. 빈 곳에 들어갈 상형문자는 보기 A~E 중 어느 것일까?

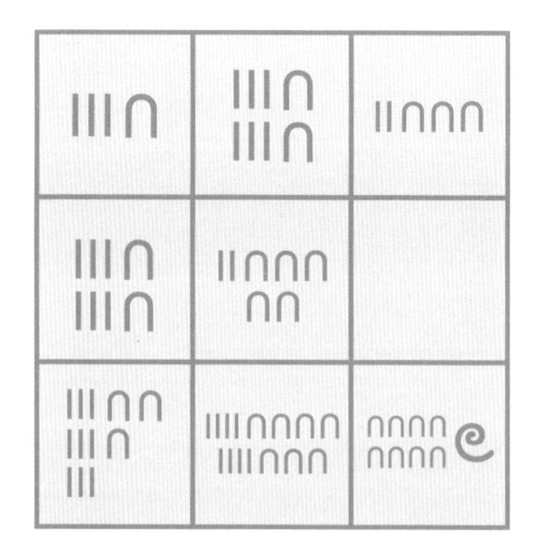

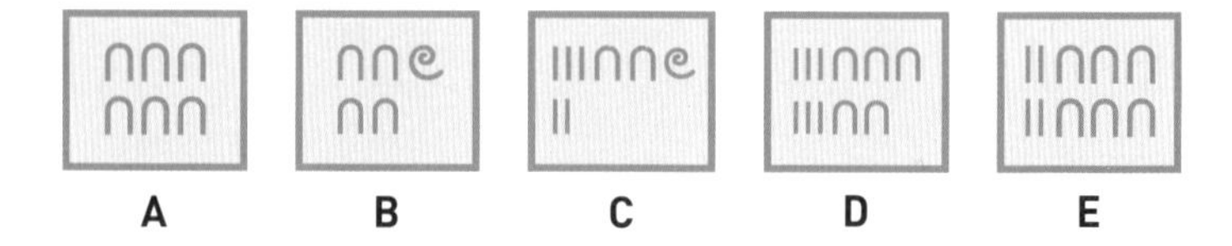

답: 205쪽

세 번째 수수께끼다. 앞 문제를 참고하면 골뱅이 표시가 무엇을 의미하는지도 금방 알아낼 수 있을 것이나. 척척 풀어내는 제이를 보며 윈 박사는 흐뭇했다. 수수께끼를 모두 풀면 지도를 가지고 다시 이집트로 날아가 탐험을 계속할 수 있기 때문이다. 빈 곳에 들어갈 상형문자는 보기 A~E 중 어느 것일까?

A B C D E

마지막 수수께끼다. 그런데 마지막 수수께끼는 더 복잡해졌다. 더구나 이번엔 숫자가 아닌 문자이다. 원 박사는 제이에게 히에로글리프 상형문자 체계와 알파벳의 기원에 대해서 이야기해주었다. 하지만 그걸 알고도 그냥 봐서는 도대체 어떻게 해석을 해야 할지 알 수가 없다. 과연 물음표에 들어갈 문자는 보기 A~E 중 어느 것일까?

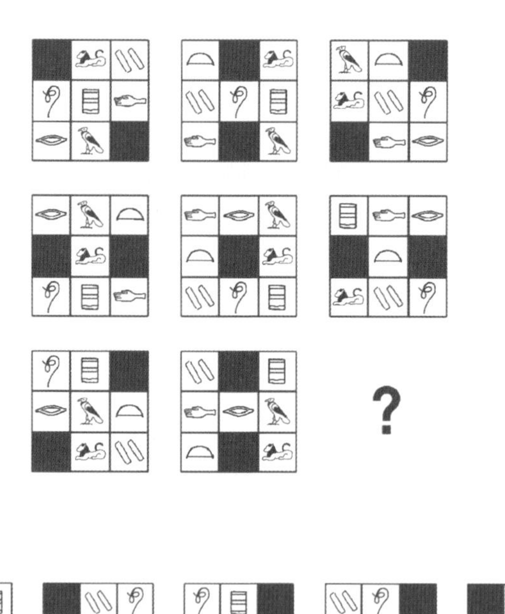

A B C D E

답: 206쪽

075

크기가 같은 성냥개비 20개가 있다. 이것을 6개와 14개로 나눠서 2개의 도형을 만들되, 면적이 큰 도형이 작은 도형의 3배 크기가 되도록 만들어야 한다. 어떻게 해야 할까?

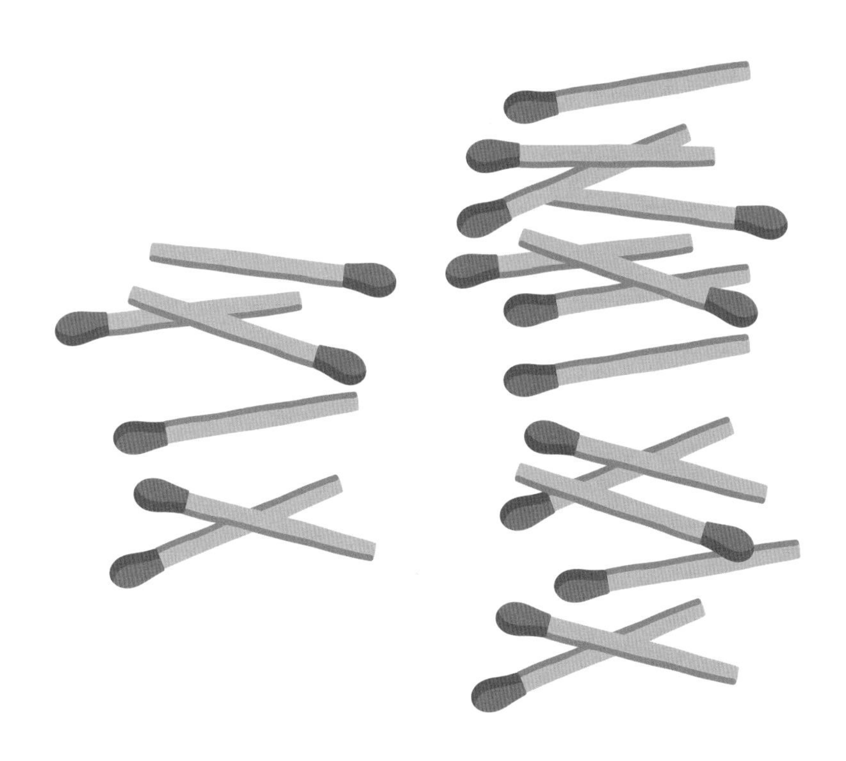

답: 207쪽

같은 모양의 주사위 3개가 다음 그림처럼 겹쳐 있다. 가장 아래쪽 주사위의 밑면과 주사위끼리 겹친 4개의 면에 있는 숫자를 모두 더한 값은 얼마일까?

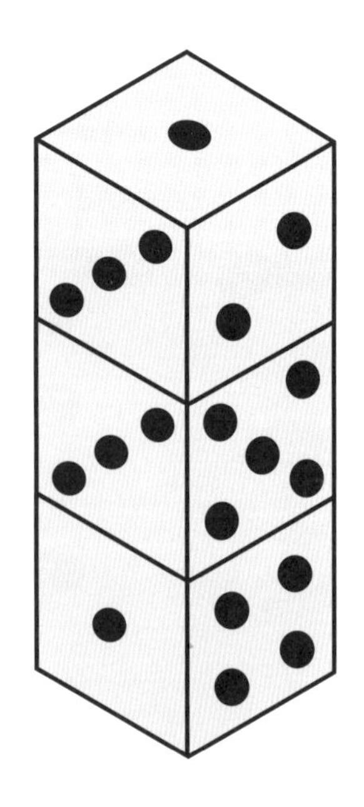

답: 207쪽

주어진 네모 칸 안에 왼쪽 조각들을 알맞게 채워보자. 왼쪽에는 칸 속에 들어갈 조각들의 종류와 개수가 나와 있으며, 칸을 둘러싼 숫자들은 조각들이 들어가는 연속된 칸 수를 의미한다. 예를 들어 2와 1이라고 쓰여 있는 줄은 연속되는 2칸과 연속되지 않는 1칸이 조각으로 채워져 있다는 의미가 된다. 단, 조각들은 세로로 회전시킬 수 있다. 어떻게 해야 할까?

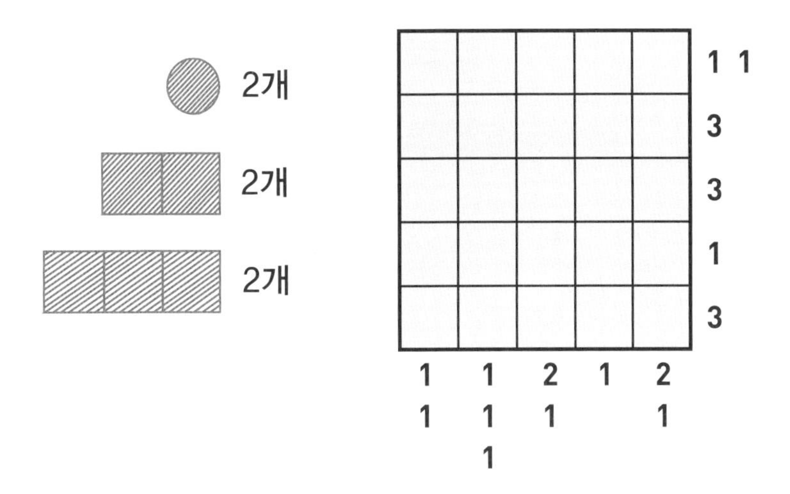

답: 207쪽

078

아래 그림과 정확하게 합쳐져 직사각형을 만들 수 있는 도형은 보기 A~E 중 어느 것일까?

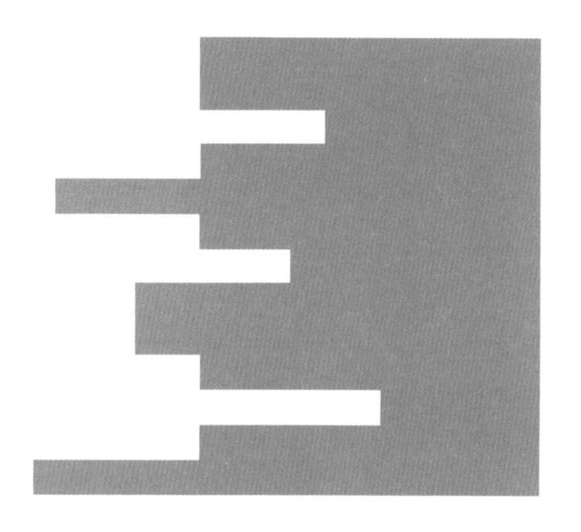

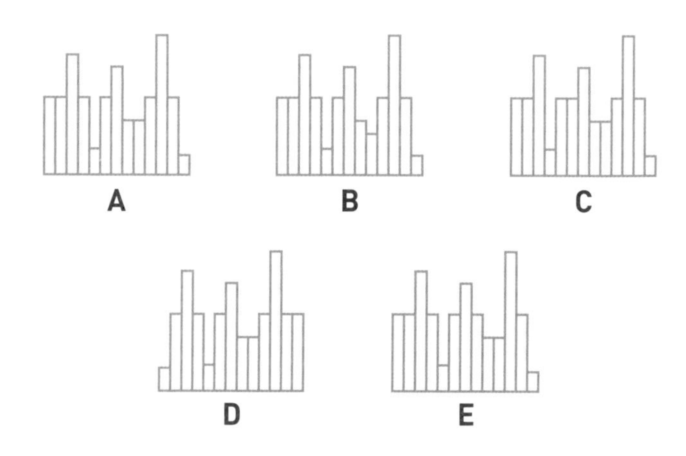

 답: 208쪽

079

다음 알파벳들은 특별한 규칙을 가지고 배열되어 있다. 물음표에 들어가야 할 알파벳은 무엇일까?

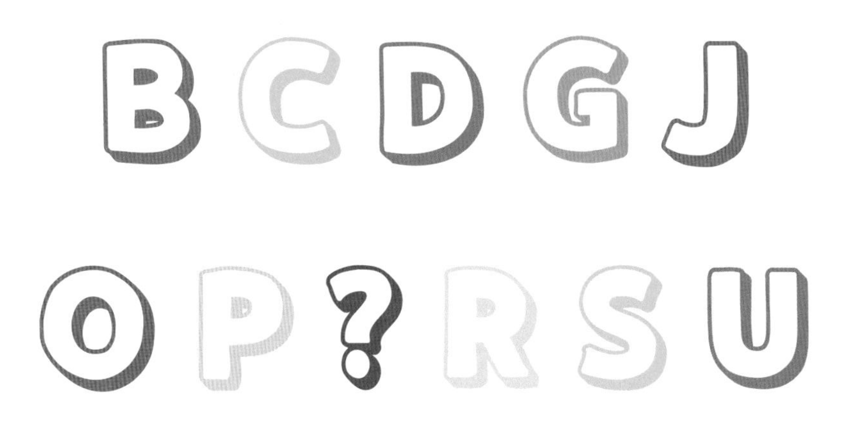

답: 208쪽

물음표에는 어떤 글자가 들어가야 할까?

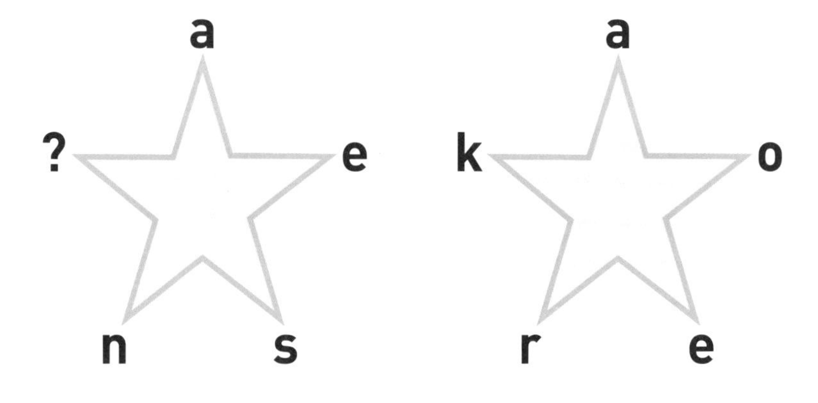

 답: 208쪽

081

네모 칸 속에 있는 알파벳들은 특별한 규칙을 가지고 움직이고 있다. 그렇다면 마지막 네모 칸 속에는 각 기호들이 어떻게 배치되어야 할까?

	A		
C	B		

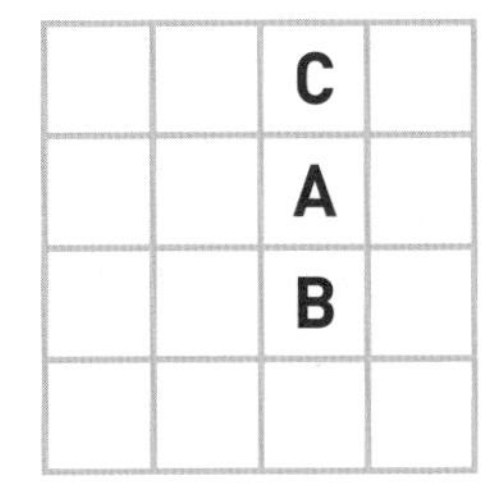

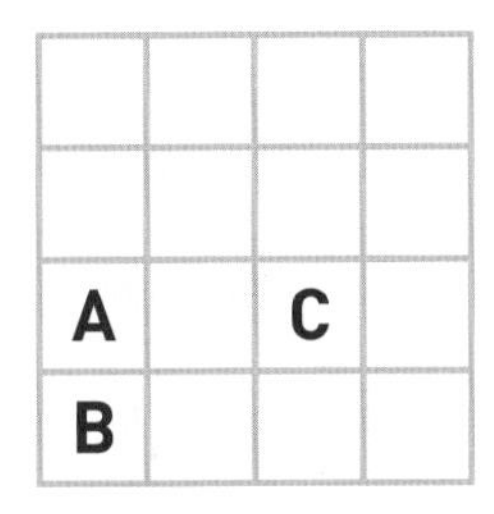

		C	
			A
			B

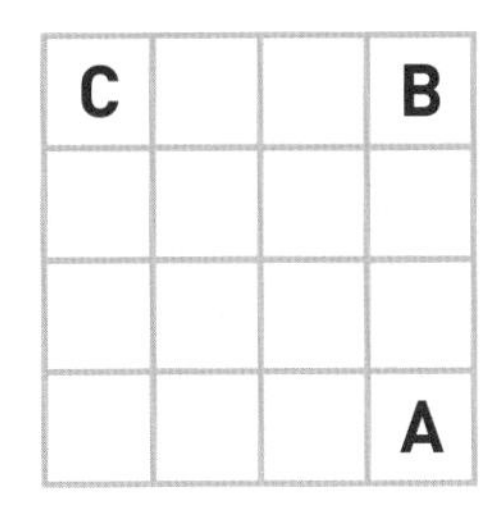

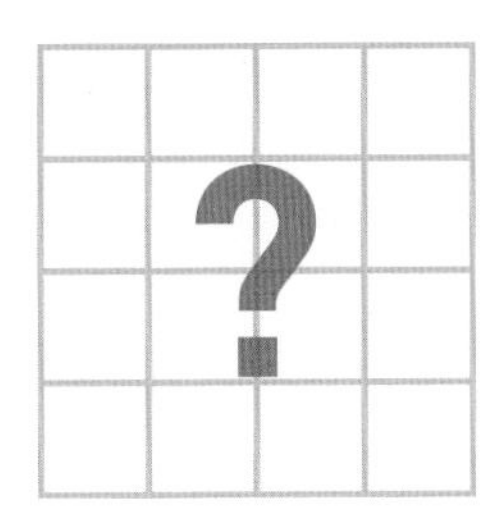

답: 208쪽

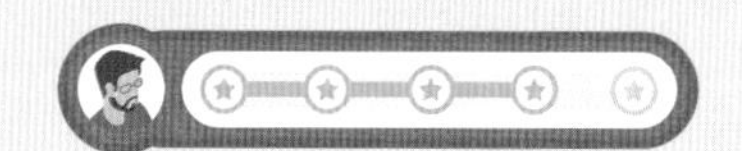

다음 그림들은 특별한 규칙을 가지고 변하고 있다. 물음표에는 보기 A~D 중 어느 그림이 와야 할까?

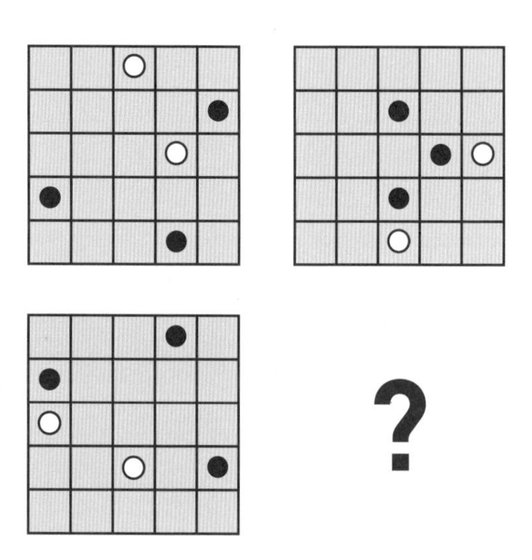

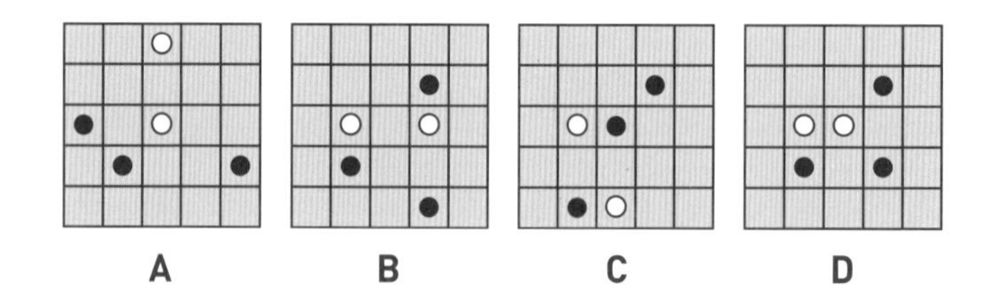

 답: 208쪽

083

다음 표 속 단어는 특별한 규칙을 가지고 있다. 물음표에는 보기 A~F 중 어느 단어가 들어가야 할까?

one	five	five
two	four	two
three	six	two
nine	nine	?

A one　**B** five　**C** nine

D four　**E** six　**F** two

다음 그림들은 특별한 규칙을 가지고 변하고 있다. 물음표에는 보기 A~E 중 어느 그림이 와야 할까?

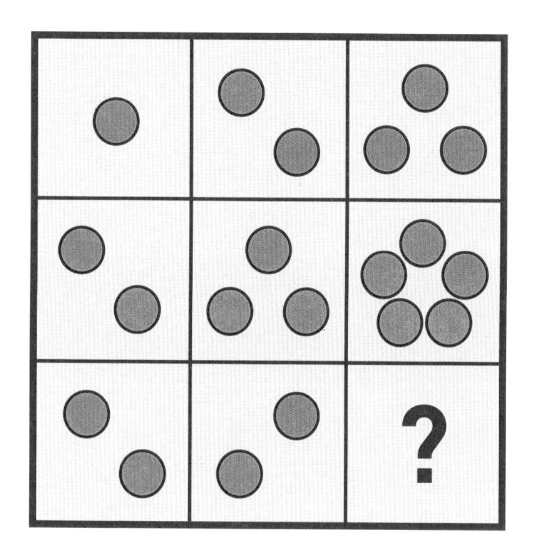

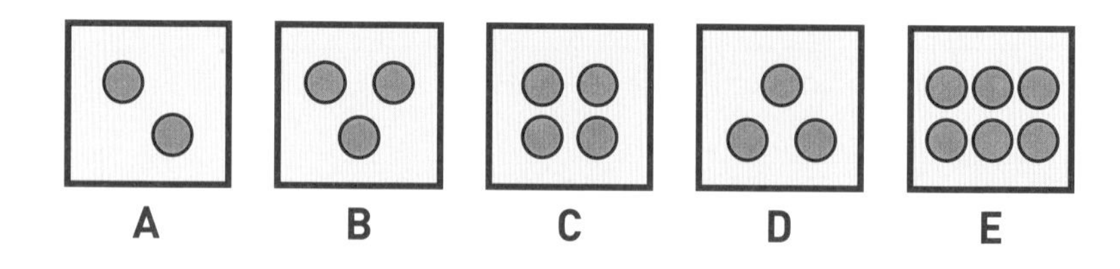

 답: 208쪽

주차장에 자동차들이 아무렇게나 주차되어 있다. 이 중 × 표시가 되어 있는 자동차를 화살표 방향의 출구로 옮겨야 하는데 자동차들이 너무 많이 엉켜 있다. 어떻게 하면 최소한의 이동으로 × 표시가 있는 차를 출구로 옮길 수 있을까? 차는 전진과 후진만 가능하다. 옮겨야 하는 자동차의 기호를 순서대로 적어보자.

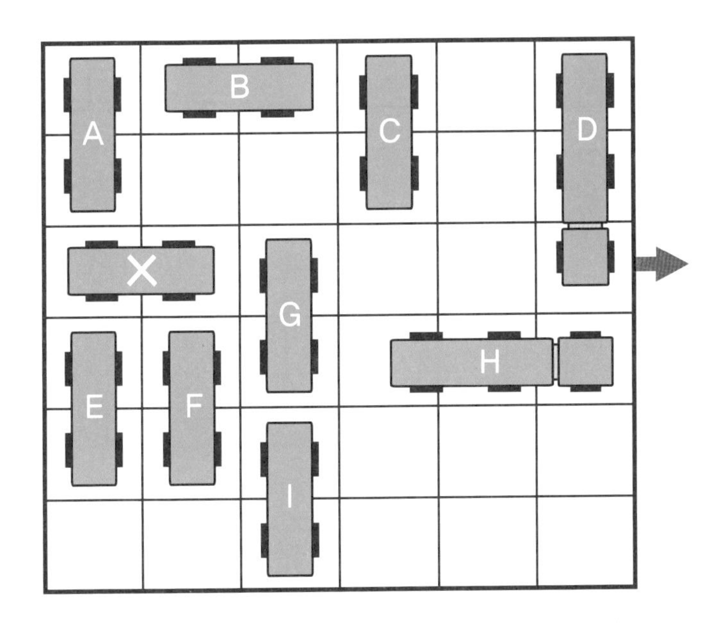

답: 209쪽

다음 도형들은 특별한 규칙을 가지고 배열되어 있다. 물음표에는 보기 A~D 중 어느 도형이 들어가야 할까?

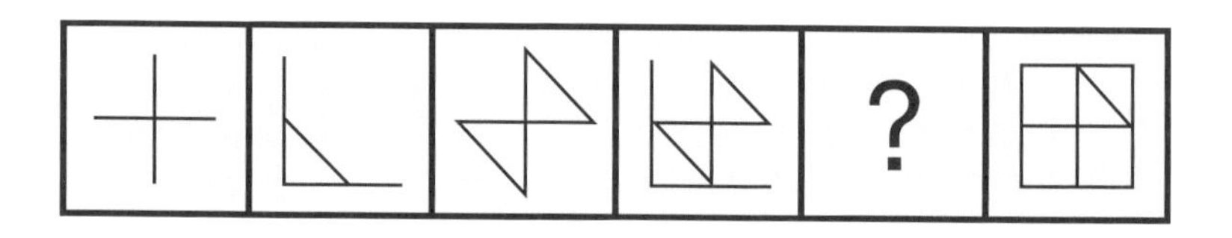

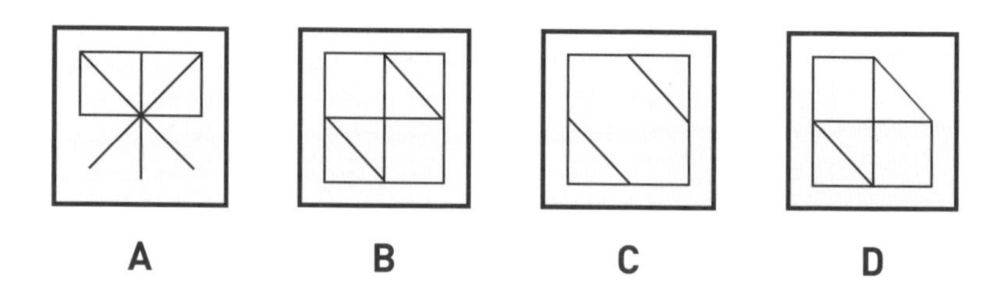

 답: 209쪽

087

굳게 잠겨 있는 금고가 있다. 금고 위에는 비밀번호를 알려주는 한 장의 쪽지만이 놓여 있다. 과연 비밀번호는 무엇일까?

- 태극기에 있는 사각형의 수는 A개다.
- 개미의 다리 수는 B개다.
- 한 시간은 C초다.
- 1년 중 마지막 날이 31일인 달은 D번 있다.

비밀번호는 (C÷A)−(B×D)의 값이다.

답: 209쪽

다음 도형은 정해진 규칙에 따라 변하고 있다. 물음표에는 어떤 도형이 와야 할까?

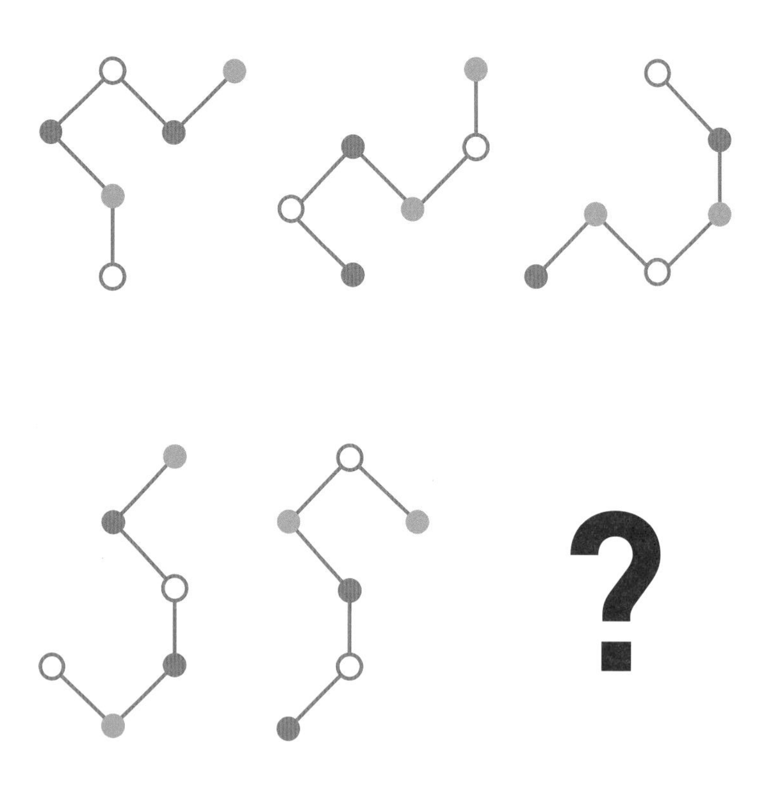

 답: 209쪽

089

다음 그림의 동그라미 속 숫자는 특별한 규칙과 의미를 가지고 있다. 물음표에는 어떤 숫자가 와야 할까?

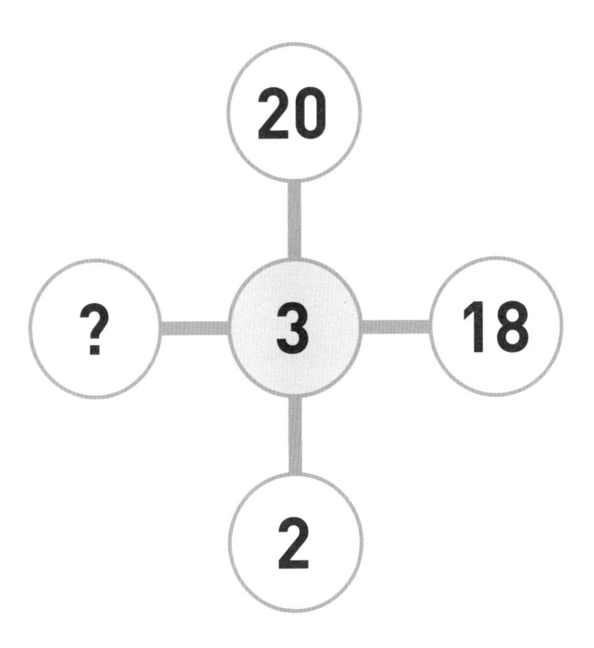

답: 210쪽

다음 표에는 1~10을 영어로 바꾼 단어들이 들어갈 수 있으며, 이 단어들은 특별한 규칙을 갖고 있다. 물음표에는 어떤 단어가 와야 할까?

one	five	seven
two	one	six
seven	six	nine
nine	one	?

 답: 210쪽

다음 도형들은 특별한 규칙을 가지고 있다. 물음표에는 보기 A~E 중 어느 도형이 와야 할까?

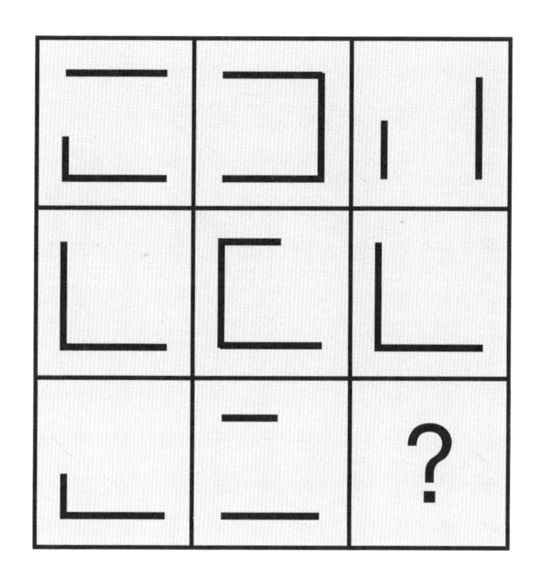

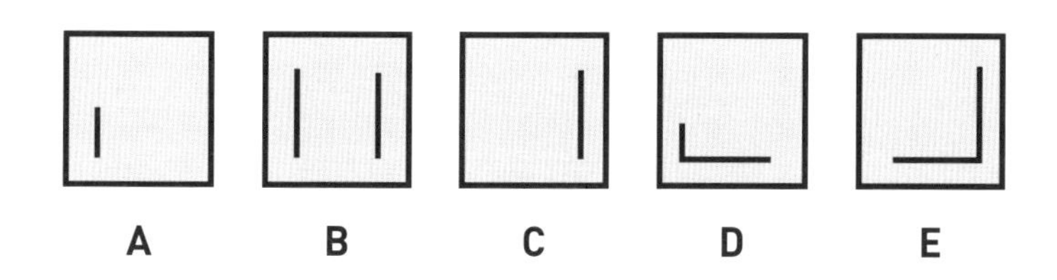

답: 210쪽

다음 그림은 똑같은 모양의 주사위를 여러 방향으로 돌려본 것이다. 이 중 모양이 다른 주사위 2개는 보기 A~F 중 어느 것과 어느 것일까?

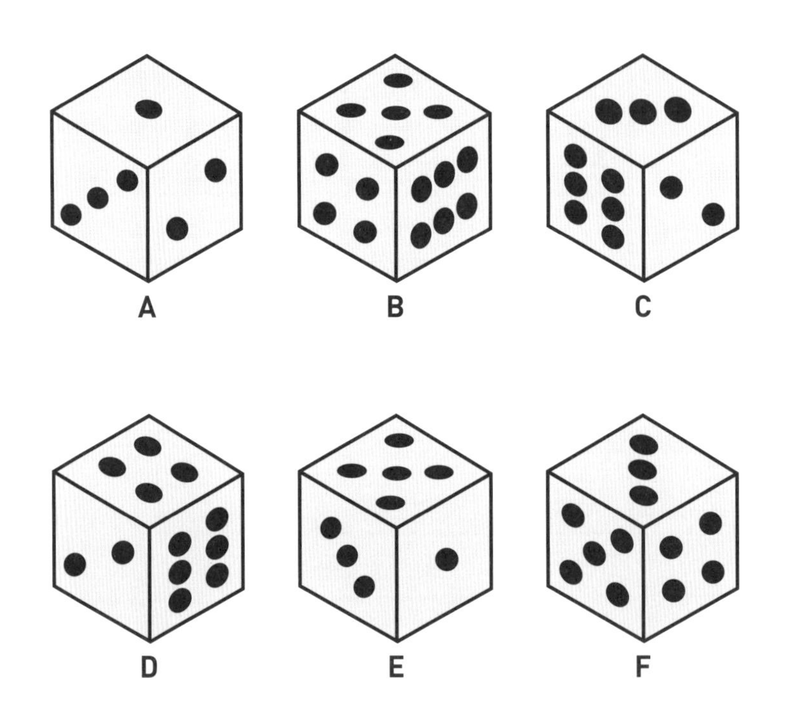

 답: 210쪽

093

네 명의 아이들이 모여서 낚시 대회를 열었다. 아이들이 잡은 물고기는 모두 10마리라고 한다. 그런데 가장 적은 수의 물고기를 잡은 아이는 거짓말을 했으며, 거짓말을 한 아이는 한 명이 아닐 수도 있다고 한다. 다음 대화를 참고할 때 아이들은 각자 물고기를 몇 마리씩 잡았을까?

철이　예성이와 백이의 물고기를 합하면 5마리야.

내가 잡은 물고기는 3마리야.　예성

백이　철이와 현이의 물고기를 합하면 5마리야.

철이와 예성이의 물고기를 합하면 6마리야.　현이

답: 210쪽

물음표 칸에는 보기 A~D 중 어느 도형이 들어가야 할까?

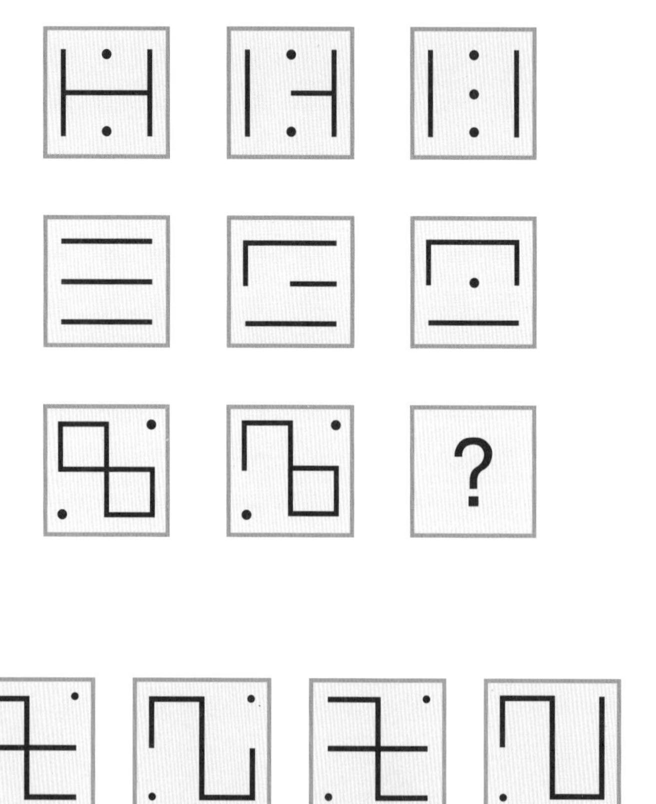

A B C D

 답: 211쪽

095

다음 그림의 동그라미에는 1~7 사이의 자연수가 한 번씩만 들어가며, 동그라미 사이에는 주변을 둘러싸고 있는 동그라미의 숫자를 모두 더한 값이 들어간다. 그렇다면 물음표에는 어떤 숫자가 들어가야 할까?

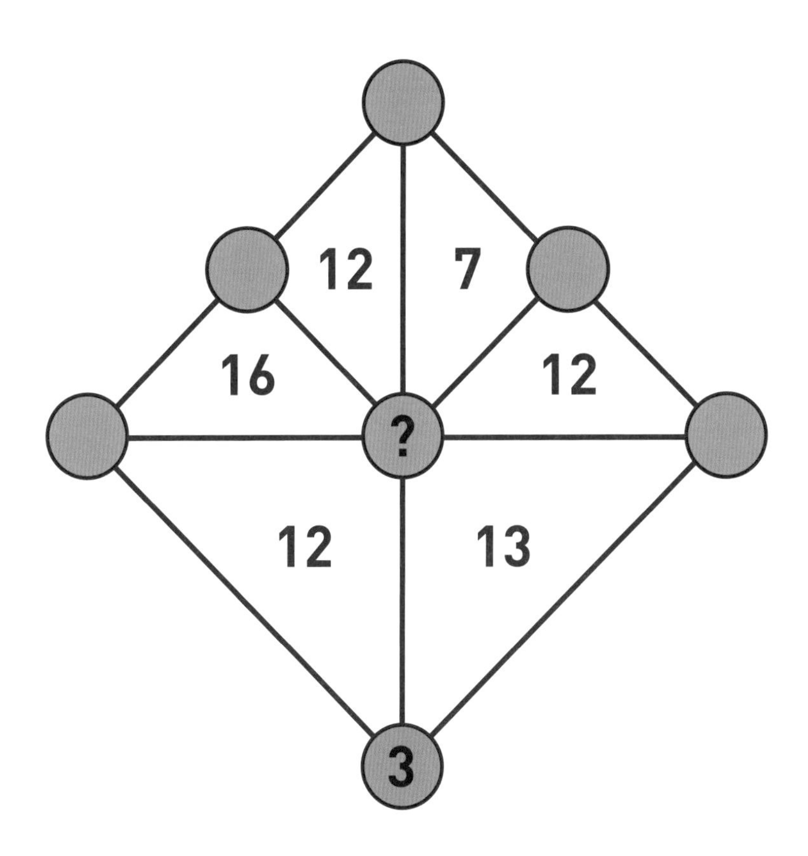

답: 211쪽

096

현이와 예성이와 민호가 영어 시험 점수에 대해 이야기하고 있다. 세 명의 아이들이 모두 한 마디씩 거짓말을 하고 있다면, 아이들의 점수는 각각의 몇 점일까?

현이 민호는 60점이나 받았구나. 난 예성이랑 30점 차이가 나네. 난 40점이야.

예성 그래도 내가 제일 낮은 점수는 아니야. 민호는 나보다 30점이나 적구나. 현이와 민호는 점수가 같고.

민호 난 50점밖에 안 돼. 그래도 내가 현이보다는 높아. 예성이는 90점이야.

답: 212쪽

097

다음 규칙에 따라 입구에서 출구로 이어지는 선을 그어보자. 단, 직선으로 길게 이어지는 선은 점을 한 번 통과할 때마다 각각 다른 선으로 간주한다. 선을 그었을 때 모두 합쳐 몇 개의 선이 필요할까?

규칙

1. 점 사이에 있는 숫자는 자신의 상하좌우로 지나가는 선의 개수를 의미한다.
2. 물음표는 지나가는 선의 숫자가 공개되지 않은 부분이다.

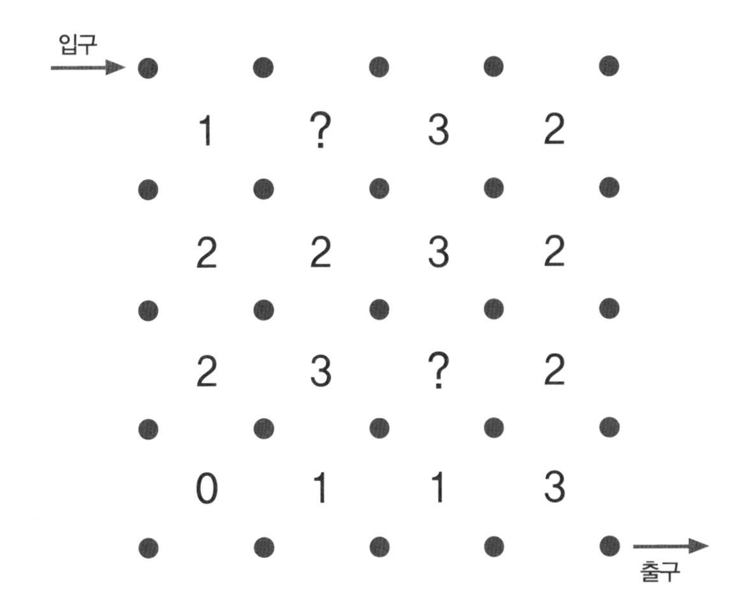

답 : 212쪽

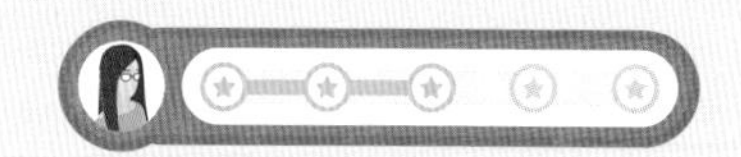

주어진 네모 칸에 왼쪽 조각들을 알맞게 채워보자. 왼쪽에는 칸에 들어갈 조각들의 종류와 개수가 나와 있으며, 칸을 둘러싼 숫자들은 조각들이 들어가는 연속된 칸 수를 의미한다. 예를 들어 1과 4라고 쓰여 있는 줄은 연속되지 않는 1칸과 연속되는 4칸이 조각으로 채워져 있다는 의미가 된다. 단, 조각들은 세로로 돌릴 수 있다. 어떻게 해야 할까?

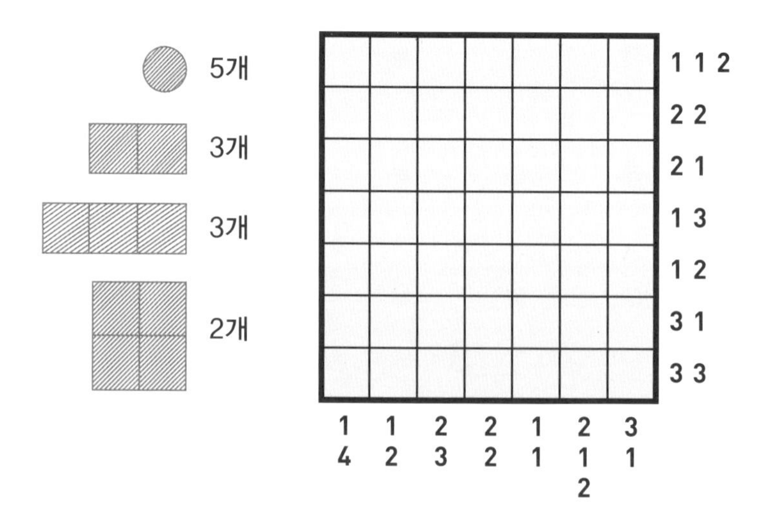

 답: 212쪽

다음 그림 중 나머지와 다른 하나가 있다. 보기 A~D 중 어느 것일까?

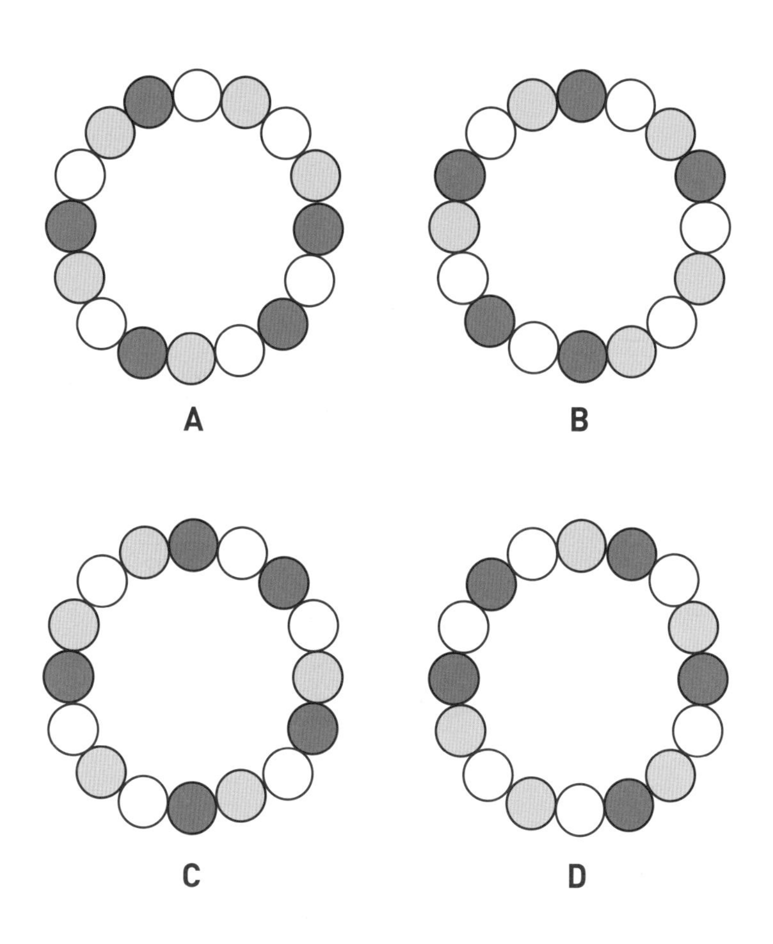

답: 212쪽

탁자에 갖가지 과일이 놓여 있다. 그중 2분의 1은 사과이며, 5분의 1은 귤, 6분의 1은 배이다. 그리고 감은 4개가 있다. 그렇다면 과일은 모두 몇 개일까?

답: 212쪽

다음 규칙에 따라 '보기'와 같이 흰 돌과 검은 돌을 네모 칸에 채우려면 어떻게 해야 할까?

규칙

1. 흰 돌과 검은 돌의 숫자는 같아야 한다.
2. 모든 흰 돌과 검은 돌은 끊어지는 곳 없이 이어져야 한다.
3. 2×2 칸 안에 같은 색 돌 4개가 정사각형 모양으로 붙어 있어서는 안 된다.

보기

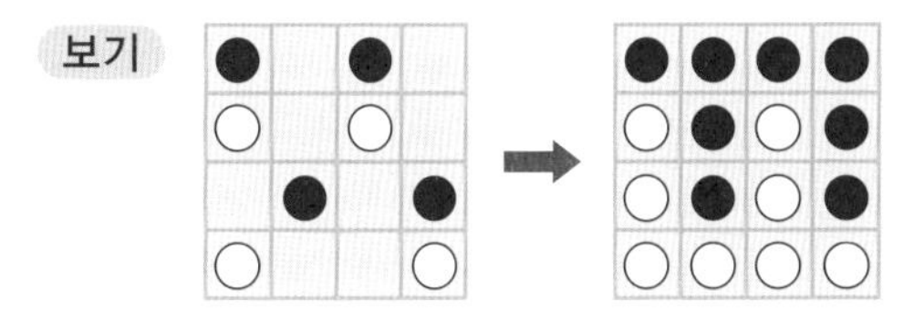

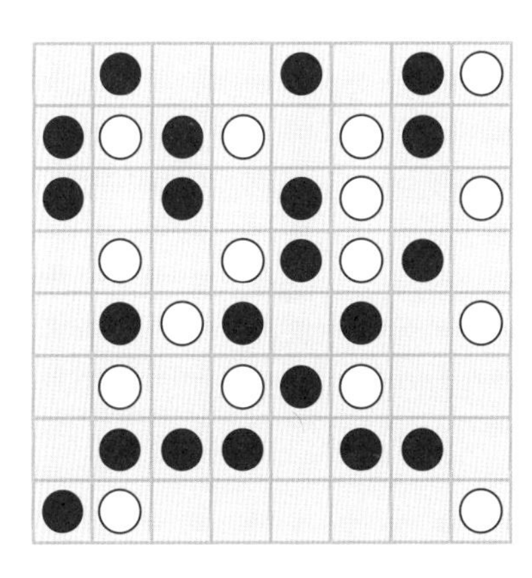

답: 213쪽

다음 도형을 똑같은 모양으로 6등분해보자. 단, 잘라진 각각의 조각들 속에 숫자 1은 1개, 숫자 2는 2개씩 들어가야 한다. 도형을 어떻게 나눠야 할까?

		1	1	2	
2	2	2	2		2
	1			2	
1	2	1	2		1
	2	2			2

 답: 213쪽

다음 도형을 똑같은 모양으로 4등분해보자. 단, 잘라진 각각의 조각들 안에 숫자 1이 1개, 숫자 2가 2개, 숫자 3이 3개씩 들어가야 한다. 어떻게 나눠야 할까?

					3		2
3		3				2	
2				2			
	3	2	1	3		1	
	1		3	1	2	3	
			3				3
	3		2			2	3
	3						

답: 213쪽

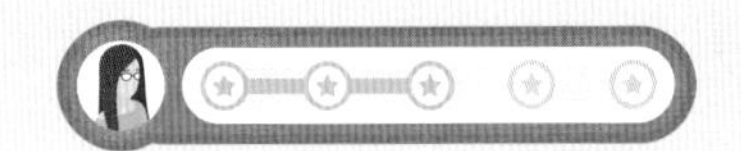

오늘 유빈과 제이는 놀이공원에 놀러 갔다. 놀이공원 한쪽에는 턴테이블 게임기가 있었다. 사람 손으로 돌리는 수동식이 아닌 전자식 턴테이블 게임기다. 강·중·약 버튼이 좌우로 있으며 최고 점수 12를 가장 최소한의 버튼 수로 맞추면 이기는 게임이다. 두 사람은 이 게임을 하기로 했다. 제이는 우선 앞사람들이 게임을 하는 모습을 유심히 관찰했다. 그리고 다음과 같은 규칙을 찾아냈다. 12가 나오게 하려면 최소한으로 버튼을 어떻게 눌러야 할까?

규칙

1. '강'은 5와 4분의 3바퀴를 돈다.
2. '중'은 2와 3분의 2바퀴를 돈다.
3. '약'은 1과 2분의 1바퀴를 돈다.

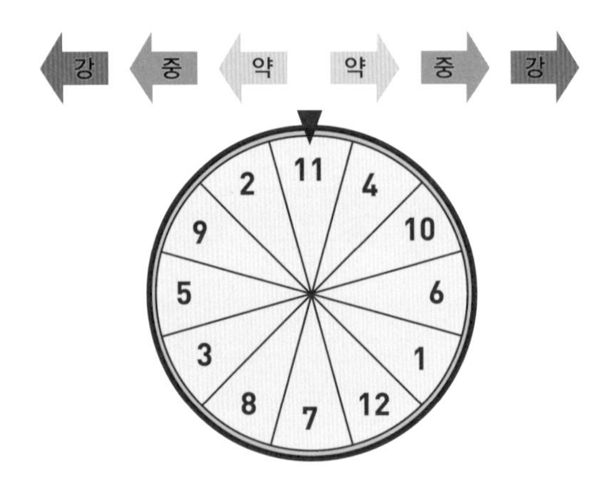

 답: 213쪽

105

출발점에서 도착점까지의 합이 66이 되려면 화살표를 어떻게 따라가야 할까?

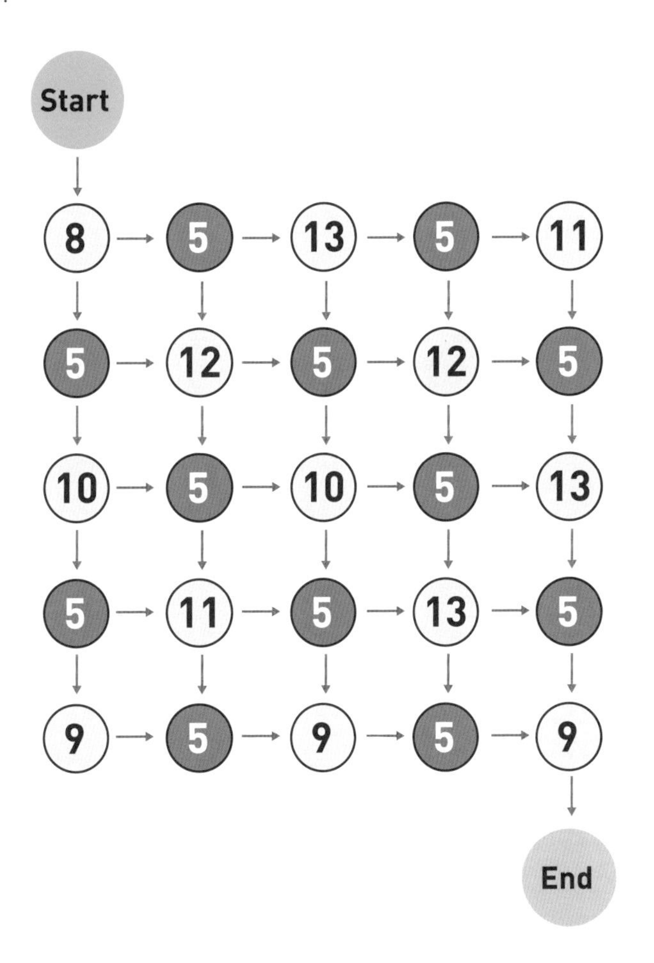

답: 214쪽

106

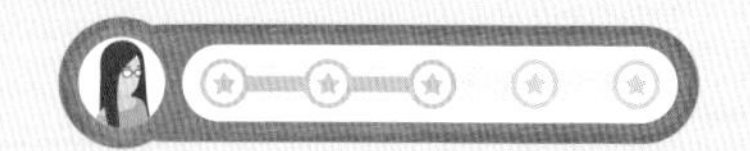

다음과 같은 3×3 큐브가 있다. 보이지 않는 면의 무늬는 각 면 맞은편에 표시해두었다. 이 큐브를 오른쪽처럼 만들려면 최소한 몇 번 돌려야 할까?

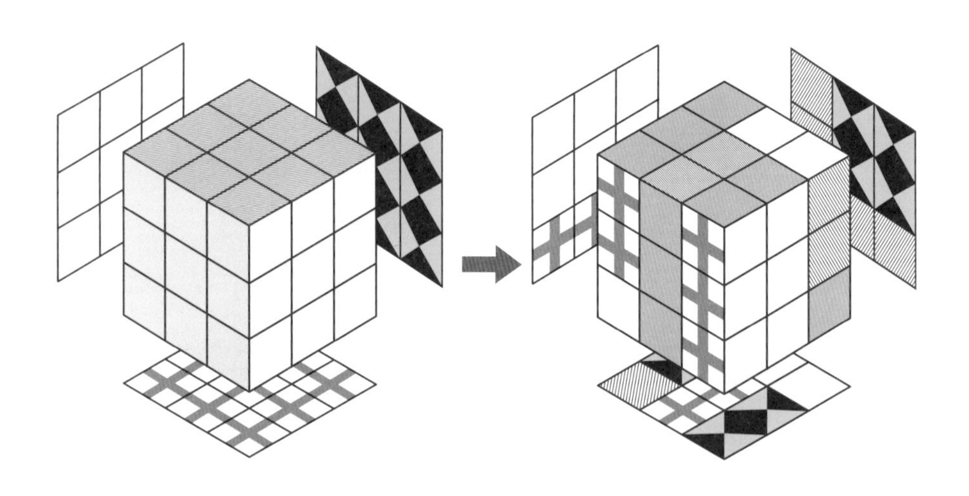

답: 214쪽

107

다음 도형에는 원 속에 1~8의 자연수가 한 번씩만 들어간다. 원 사이의 숫자는 주변을 둘러싼 원 속 숫자를 모두 더한 값을 뜻한다. 그렇다면 물음표에는 어떤 숫자가 들어가야 할까?

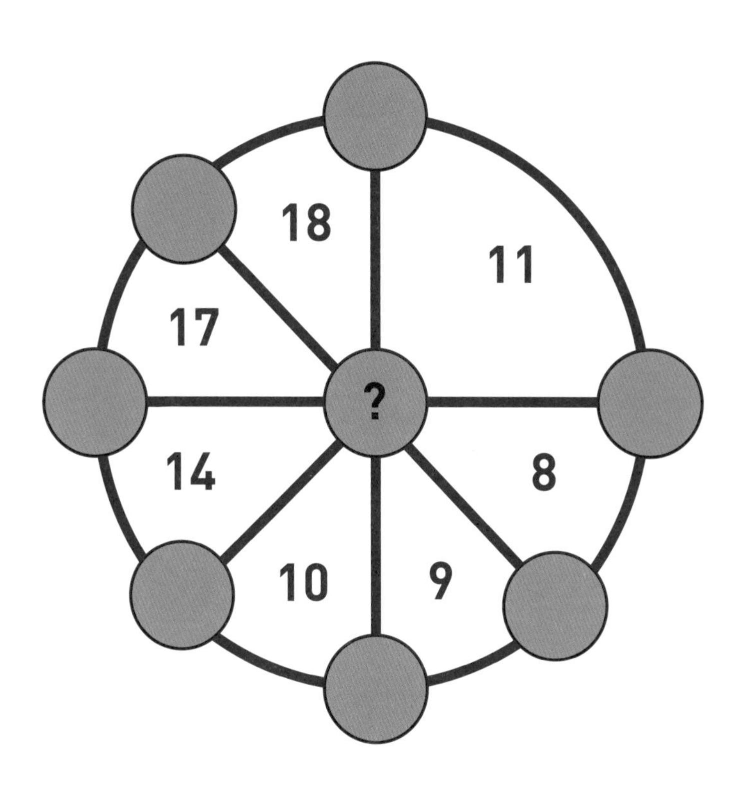

답: 214쪽

108

다음 물음표에 들어갈 숫자는 무엇일까?

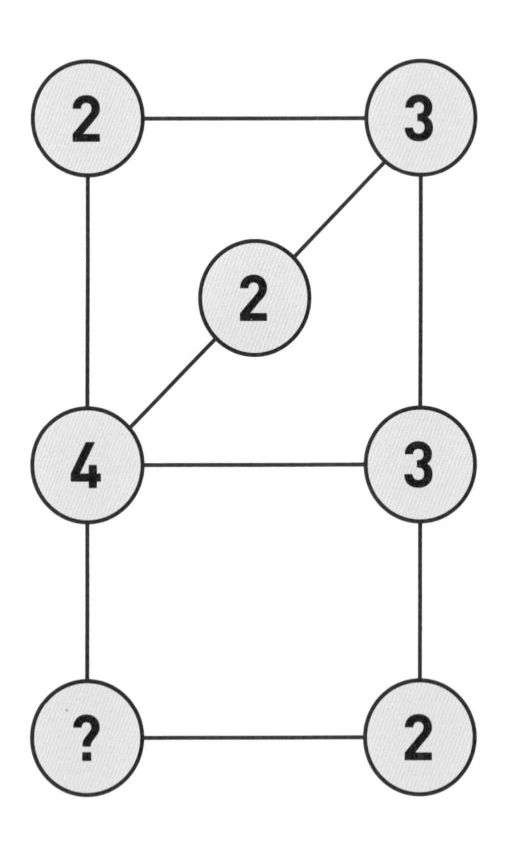

답: 215쪽

다음 그림들은 하나의 도형을 회전, 대칭이동 하여 여러 모양을 만든 것이다. 그런데 이 가운데 하나는 나머지와 다른 도형이다. 보기 A~D 중 어느 것일까?

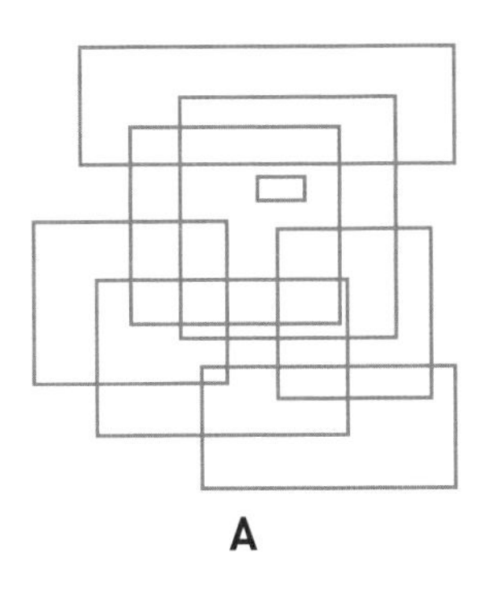

A

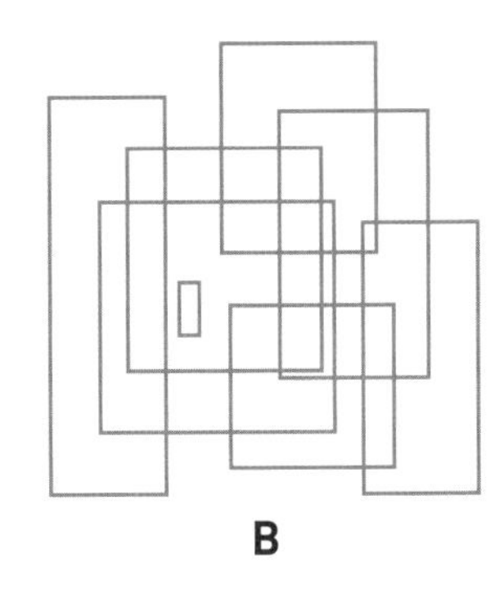

B

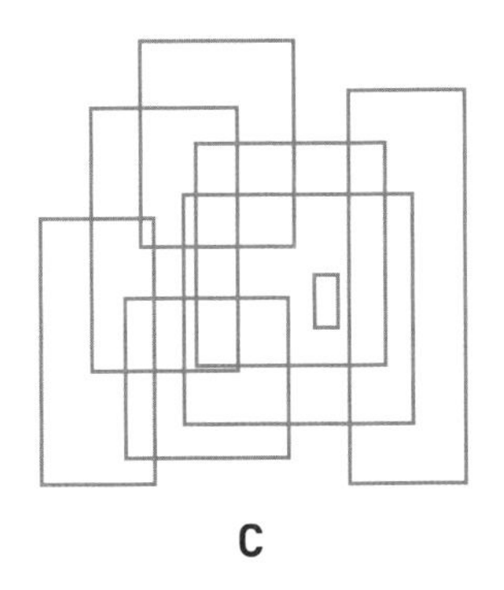

C

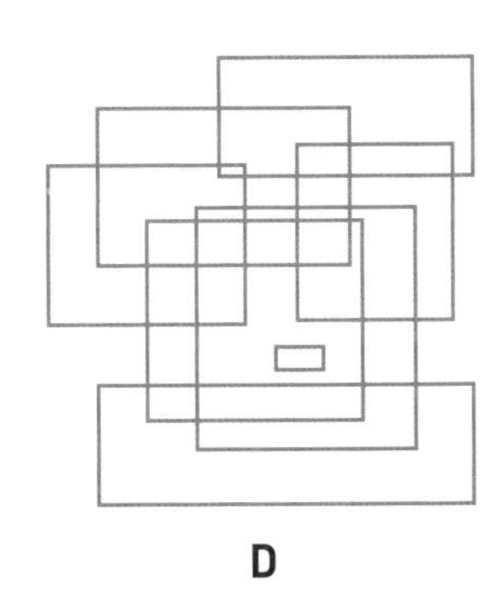

D

답: 215쪽

110

문제의 그림들은 아래 그림을 9등분한 것이다. 이 중 다른 그림의 조각을 모두 찾아보자. 단, 본래의 그림을 회전시킨 것도 있다. 보기 A~F 중 어느 것일까?

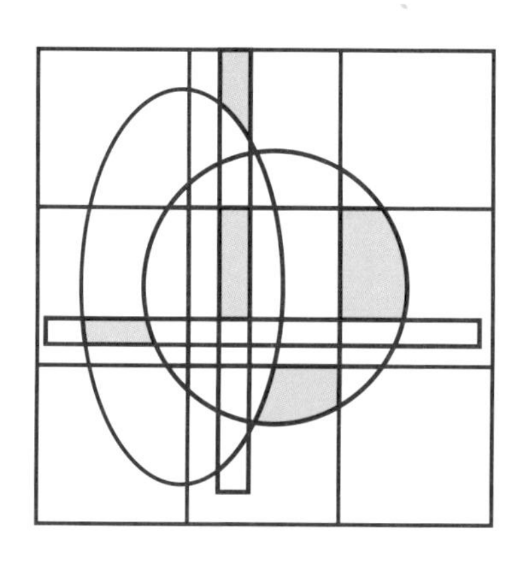

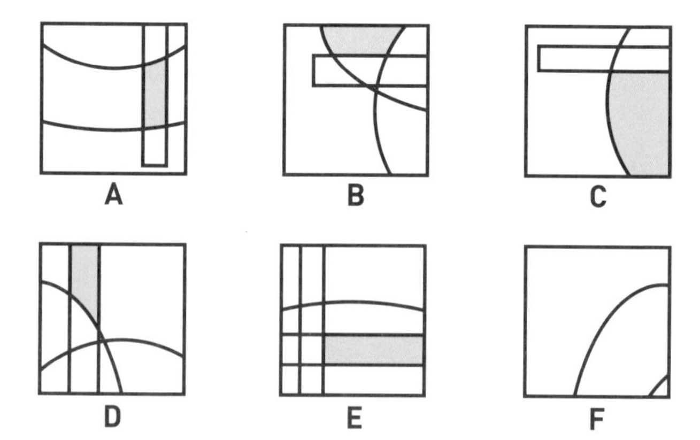

답: 215쪽

유빈과 제이가 이번엔 당구장에 놀러 갔다. 유빈은 친절하게 제이에게 당구 치는 법을 가르쳐주었지만 제이에게는 쉽지 않았다. 큐를 삽는 법부터 공을 치는 법, 공을 회전시키는 법 모두 힘들었다. 하지만 그런 것만 없다면 당구는 쉬울 것 같았다. 예를 들어 공이 회전을 하지 않고 입사각과 반사각이 정확히 일치한다면 말이다. 결국 제이는 당구와 비슷한 문제를 유빈에게 냈다. 가로 8미터, 세로 4미터의 커다란 탁자가 있다. 이 탁자 가장자리는 반사 유리로 되어 있다. 직진성이 완벽한 레이저를 그림과 같은 위치에서 쏘게 되면 A, B, C, D 중 어느 꼭짓점에서 끝나게 될까? 단, 네 꼭짓점에서는 더 이상 반사하지 않는다.

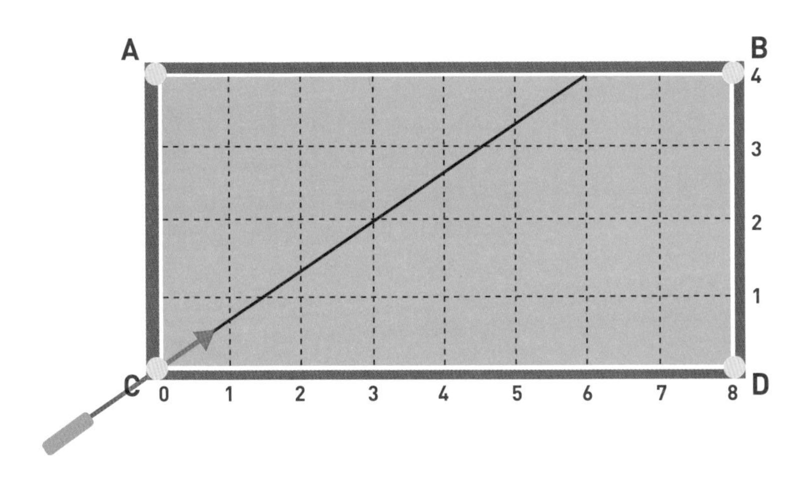

답: 215쪽

112

네모 칸 속에 있는 동그라미와 숫자는 어떤 특별한 규칙을 가지고 움직이고 있다. 그렇다면 마지막 네모 칸 속에는 각 기호들이 어떻게 배치되어야 할까?

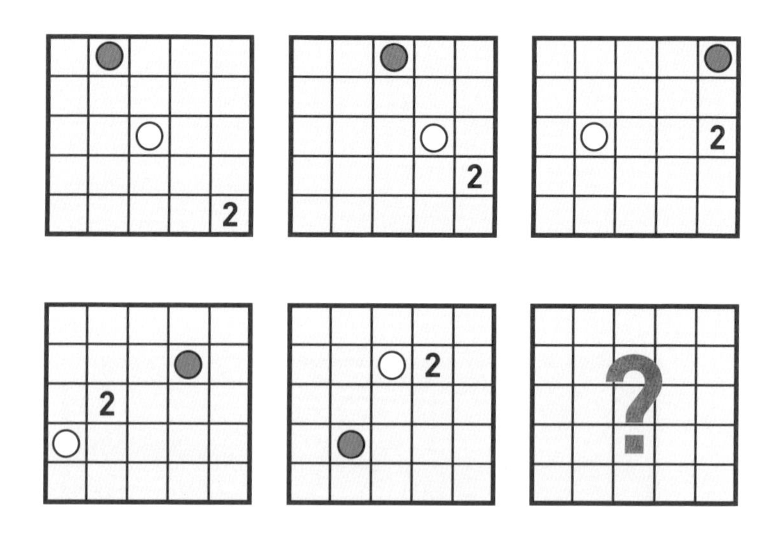

 답: 215쪽

113

규칙에 따라서 '보기'처럼 장애물 블록을 설치하려면 어떻게 해야 할까?

규칙

1. 네모 칸으로 나뉜 지도 곳곳에 감시탑이 설치되어 있다.
2. 감시탑이 있는 곳은 숫자로 표시되어 있으며, 숫자는 감시탑이 볼 수 있는 칸 수를 의미한다.
3. 감시탑은 가로세로 방향만 볼 수 있으며, 다른 감시탑을 통과해서 볼 수 있지만 장애물 블록이 있는 곳은 통과해서 볼 수 없다.

보기

		3	
	4		
		2	3

→

		3	
	4		
		2	3

			3		
4					
2					7
		2			
6	8				
				2	

규칙에 따라 다음 그림의 빈 원에 알맞은 숫자를 채워야 한다. 빈 원에 들어갈 숫자는 무엇일까?

규칙

1. 동그라미에 있는 숫자는 그림 속 빈 원에 들어간다.
2. 화살표 오른쪽에 있는 수는 해당되는 원의 숫자와 선으로 직접 이어진 다른 숫자들을 모두 합한 값이다.

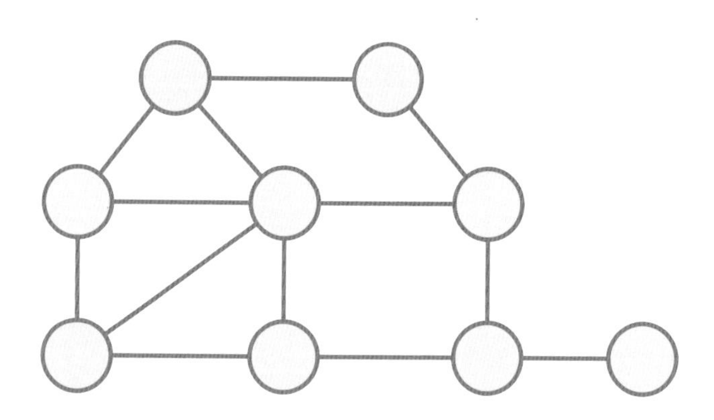

① ⇨ 11　　② ⇨ 9　　③ ⇨ 4

④ ⇨ 11　　⑤ ⇨ 31　　⑥ ⇨ 22

⑦ ⇨ 18　　⑧ ⇨ 13　　⑨ ⇨ 18

답: 216쪽

16칸으로 나누어진 4×4 정사각형 블록이 있다. 이 블록을 '보기'와 같이 흰 영역과 검은 영역으로 나누되, 2개의 영역을 똑같은 모양으로 만드는 방법은 '보기'의 경우를 포함해 몇 가지가 있을까? 단, 나눠진 영역의 상하좌우 위치만 다른 경우는 한 가지로 간주하며, 흰 영역은 하나로 연결되어야 한다.

보기

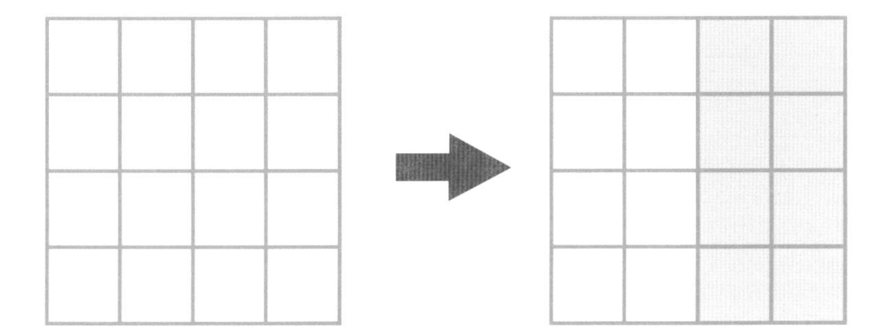

답: 216쪽

각 알파벳들은 0~5 사이의 자연수이며, 같은 알파벳은 같은 숫자를 의미한다. 각 알파벳의 값을 유추해 수식을 완성해보자. 조건에 맞는 수식은 무엇일까?

$$
\begin{array}{r}
CBC \\
+\ CEB \\
\hline
AAE
\end{array}
$$

답: 216쪽

각 나라의 경찰과 스파이들이 모여서 치열한 탐색전을 벌이고 있다. 다음 규칙은 117~119번 문제 모두 동일하게 적용된다.

규칙

1. 독일인 스파이는 항상 거짓을 말한다.
2. 독일인 경찰은 항상 진실을 말한다.
3. 영국인 스파이는 항상 진실을 말한다.
4. 영국인 경찰은 항상 거짓을 말한다.
5. 미국인 스파이는 경찰이 1명 이상 있으면 항상 진실을 말하며, 그렇지 않은 경우에는 거짓만 말한다.
6. 미국인 경찰은 스파이가 1명 이상 있으면 항상 거짓을 말하며, 그렇지 않은 경우에는 진실만 말한다.

다음 증언을 듣고 물음에 답하라. 단, A와 B는 함께 대화를 나누고 있지 않다. A는 경찰일까? 스파이일까? B의 국적과 직업은 무엇일까?

A : 나는 독일인이거나 미국인이다.

B : 나는 미국인이다. 나는 스파이다.

답 : 217쪽

각 나라의 경찰과 스파이들이 모여서 치열한 탐색전을 벌이고 있다. 규칙은 117번 문제와 동일하다. 함께 대화를 나누고 있는 A와 B의 국적과 직업은 무엇일까?

A : B는 경찰이다. B는 영국인이다. 나는 미국인이다.

B : A는 미국인이 아니다. 나는 경찰이 아니다. A는 스파이다.

 답 : 217쪽

각 나라의 경찰과 스파이들이 모여서 치열한 탐색전을 벌이고 있다. 규칙은 117번 문제와 동일하다.

"X는 Y가 스파이라고 말했다"가 거짓말이라면 "X는 Y가 경찰이라고 말했다"가 되는 것으로 해석해야 한다.

함께 대화를 나누고 있는 A와 B, C의 국적과 직업은 무엇일까?

A: C는 스파이다. 나는 영국인이다. B는 경찰이다.

B: C는 경찰이다. A는 독일인이다. 나는 미국인이다.

C: B는 경찰이다. 나는 영국인이다. A는 경찰이다.

답: 217쪽

120

제이는 최근 아빠가 이상하다는 느낌을 받았다. 시도 때도 없이 식은땀을 흘리고 작은 일에도 깜짝깜짝 놀라곤 했다. 초조하고 불안해하는 아빠의 모습에 제이도 왠지 걱정이 되었다. 이집트에 다녀온 뒤로 원 박사를 찾는 전화가 잦아졌고, 원 박사가 외출 중일 때 낯선 사람들이 집으로 찾아와 원 박사의 행방을 캐묻기도 했다. 이처럼 자꾸 이상한 일들이 벌어지던 어느 날, 제이는 귀가 도중 원 박사의 문자를 받았다.

'집에 돌아오면 내 서재 화장실 변기 물통 속에 있는 암호문을 해독하여 지시대로 하렴.'

제이는 서둘러 집으로 돌아왔지만 예상대로 원 박사는 집에 없었다. 아무런 상황 설명이 없었던 터라 제이는 아빠가 걱정되었다. 전화도 걸어보았지만 원 박사는 받지 않았다. 아빠 주위에서 뭔가 일이 벌어지고 있는 게 틀림없었다. 제이는 곧바로 서재 화장실의 변기 물통을 열어보았다. 젖은 종이가 있었지만 아무것도 쓰여 있지 않았다. 제이는 당장 드라이어로 종이를 말려보았다. 그러자 다음과 같이 급하게 쓴 암호문이 드러났다. 암호를 해독하면 어떤 지시문이 될까?

812091241217230

881216234023125555223

9923082118

5125562115522141200

032199199329214712551200

92158823120107179345855 23

0120088230032591272351215512

힌트

원 박사와 제이는 종종 스마트폰을 이용한 문자 암호 주고받기 놀이를 즐겼다. 다음 그림은 원 박사와 제이가 평소 사용하던 스마트폰이다.

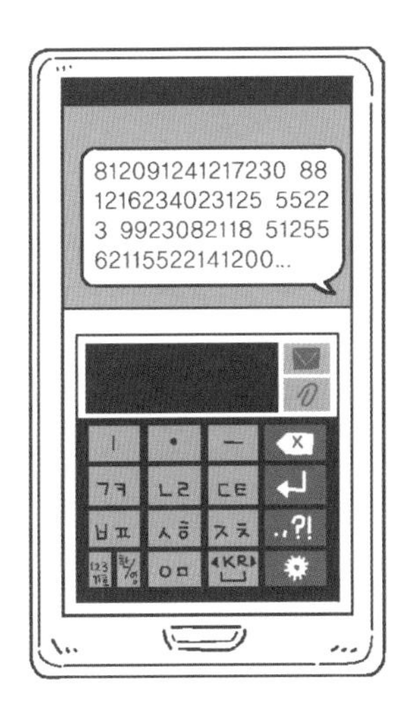

답: 218쪽

어느 프리메이슨 단원 하나가 금고에 전 재산을 남기고 홀연히 사라졌다. 갖가지 보물이 들어 있는 이 금고의 번호는 한 자릿수 자연수 7개로 이루어져 있다. 암호는 무엇일까?

 답: 219쪽

122

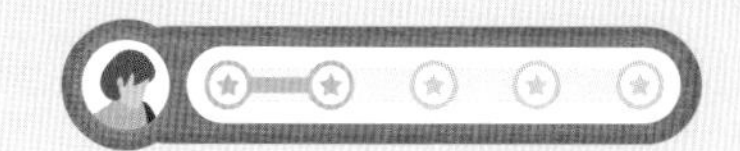

현수와 선희가 포도를 먹고 있다. 맛있게 먹다 보니 어느새 포도알이 20개밖에 남지 않았다. 현수와 선희는 남은 포도를 절반씩 나눠서 먹기로 했다. 포도를 다 먹은 뒤 서로 먹은 포도알의 총 개수를 세어보니 현수가 선희보다 2배 더 많이 먹었다는 것을 알게 됐다. 만약 포도알이 20개가 남았을 때 현수가 선희보다 3배 더 많이 먹은 상태였다면 현수가 먹은 포도알은 총 몇 개일까?

답: 219쪽

다음 주사위들은 특별한 규칙을 갖고 배열되어 있다. 물음표에 들어갈 주사위의 숫자는 무엇일까?

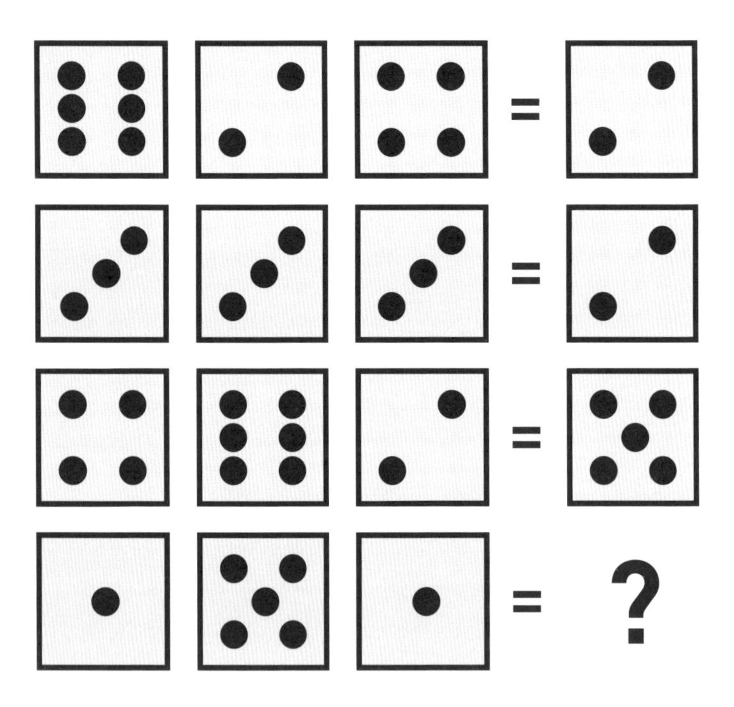

 답: 219쪽

124

다음 세 개의 원 속 숫자들은 동일한 규칙을 가지고 배열되어 있다. 물음표에 들어갈 숫자는 무엇일까?

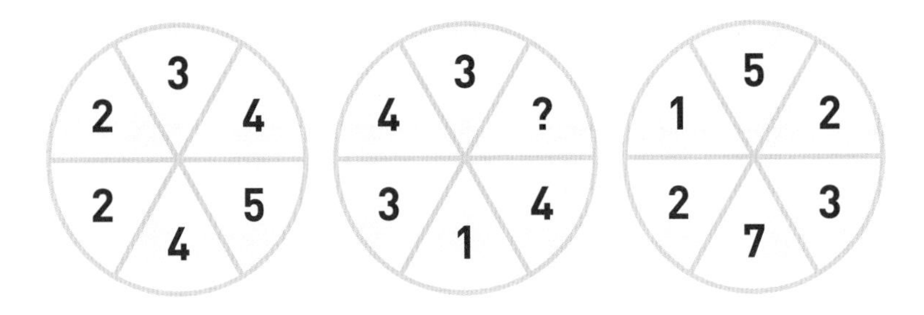

새로 온 수학 선생님이 아이들과 첫 수업을 하고 있다. 이것저것 질문하던 아이들은 수학 선생님의 나이를 듣고는 사모님의 나이를 궁금해했다. 잠깐 고민하던 선생님은 학생들에게 문제를 냈다.

선생님 : 그럼 나이를 맞힐 수 있는 힌트를 줄 테니 맞혀보겠니?

학생들 : 좋아요!

선생님 : 선생님에게는 아이가 2명 있단다. 그런데 아이들과 아내의 나이를 모두 곱하면 2450이 되고, 더하면 아까 이야기했던 음악 선생님 나이의 2배가 되지. 아이들의 나이를 알 수 있겠니?

학생들 : 아니요, 잘 모르겠어요.

선생님 : 하하. 아내의 나이는 나보다 어리단다. 그럼 이제 아내와 아이들의 나이가 몇인지 알 수 있겠지?

학생들 : 네!

수학 선생님의 나이는 몇 살일까?

 답: 220쪽

126

블록마다 각 칸에 1~4의 자연수를 채워보자. 빈칸에는 어떤 숫자가 들어가야 할까?

1. 각 가로줄과 세로줄에 숫자가 중복되면 안 된다.
2. 블록 안에 있는 숫자는 자신이 속한 4개의 작은 칸에 있는 숫자를 모두 더한 값이다.

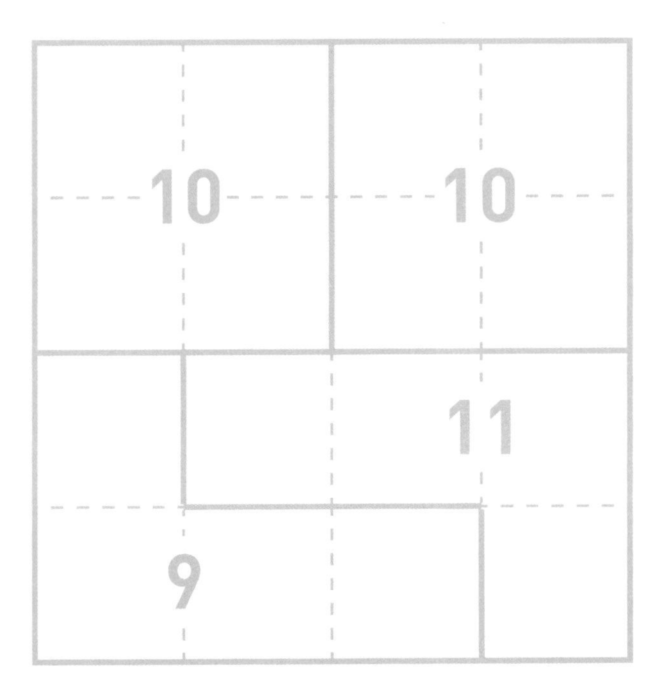

답: 221쪽

다음 표의 숫자들은 특별한 규칙을 가지고 있다. 물음표에 들어갈 숫자는 무엇일까?

124
479
462
586
248
2?1
355

 답: 221쪽

128

규칙에 따라서 장애물 블록을 설치하려면 어떻게 해야 할까?

규칙

1. 네모 칸으로 나뉜 지도 곳곳에 감시탑이 설치되어 있다.
2. 감시탑이 있는 곳은 숫자로 표시되어 있으며, 숫자는 감시탑이 볼 수 있는 칸 수를 의미한다.
3. 감시탑은 가로세로 방향만 볼 수 있으며, 다른 감시탑을 통과해서 볼 수 있지만 장애물 블록이 있는 곳은 통과해서 볼 수 없다.

		7				2
2						
				4		6
		9			9	
2	2					1

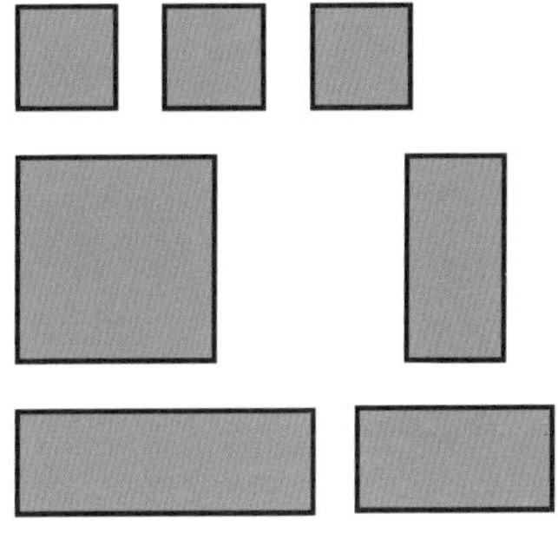

답: 221쪽

어느 외딴 마을에서 만우절 축제가 열렸다. 이 마을에 대대로 내려오는 만우절 축제에는 다음과 같은 규칙이 있다.

규칙

1. 여자아이는 아침에 거짓말만 해야 하며, 저녁에는 참말만 해야 한다.

2. 남자아이는 아침에 참말만 해야 하며, 저녁에는 거짓말만 해야 한다.

다음 대화를 보고 여자아이와 남자아이를 추리해보자. 4명 중 절반이 여자아이일 때 A~D 중 누가 남자아이일까?

A : 지금은 아침이야.
B : 지금은 저녁이야.
C : B는 거짓말을 하고 있어.
D : A는 남자야.

 답: 221쪽

130

옆 마을에서도 만우절 축제가 열렸다. 이 마을의 만우절 축제에는 다음과 같은 규칙이 있다.

규칙

1. 여자아이는 아침에 거짓말만 해야 하며, 저녁에는 참말만 해야 한다.
2. 남자아이는 아침에 참말만 해야 하며, 저녁에는 거짓말만 해야 한다.
3. 어른은 자신을 제외한 함께 있는 모든 사람들이 거짓말을 했을 때만 참말을 해야 하며, 1명이라도 참말을 한 사람이 있으면 거짓말만 해야 한다.

다음 대화를 보고 지금이 아침인지 저녁인지, 어른은 A~D 중 누구인지 알 수 있을까? 단, 어른은 1명뿐이다.

A : 나는 어른이야.
B : A는 남자아이야.
C : B는 여자아이야.
D : C는 남자아이야.

답: 222쪽

131

다음 그림의 원 안에는 1~8의 자연수가 한 번씩만 들어가야 한다. 삼각형 속 숫자는 주변을 둘러싼 원의 숫자를 모두 더한 값을 뜻한다. 도형의 빈 원에는 어떤 숫자가 들어가야 할까?

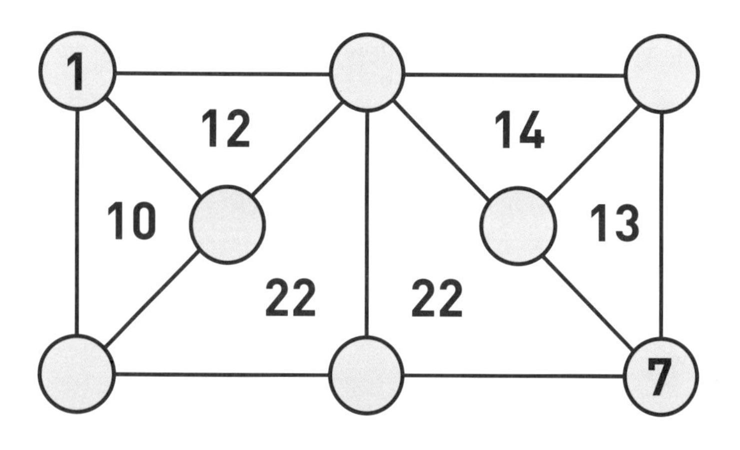

답: 222쪽

132

다음 그림의 원 안에는 1~9의 자연수가 한 번씩만 들어가야 한다. 원과 원을 잇는 통로의 숫자는 양쪽 원 안의 숫자를 합한 값이다. 물음표에는 어떤 숫자가 들어가야 할까?

	14		9	
12		12		5
	10	?	8	
5		13		9
	8		14	

답:222쪽

희수네 집은 5개의 방이 있다. 희수는 환기를 위해 5개의 방문 중 최소한 1개의 문은 항상 열어둔다. 다음 조건에 따르면 현재 열려 있는 방문은 몇 개일까?

1. 희수와 희진이의 방은 둘 다 열려 있지 않다.
2. 할머니의 방이 열려 있으면 희진이의 방은 닫혀 있다.
3. 희수의 방이 열려 있으면 안방도 열려 있다.
4. 할머니의 방이 닫혀 있으면, 서재도 닫혀 있다.
5. 안방은 현재 닫혀 있다.
6. 희수가 문을 닫았다면 안방이 열려 있거나 희진이의 방이 열려 있다.

 답: 222쪽

다음 카드의 단어들은 어떤 특별한 규칙을 가지고 있다. 물음표에 들어갈 단어는 보기 A~D 중 어느 것일까?

A CANDY　　B SCHOOL　　C BODY

D ORANGE　　E LOVE

답: 223쪽

소민이가 할머니에게 십이간지 이야기를 들으면서 신기해하고 있다. 다음 대화를 듣고 가족들의 나이를 추리해보자. 단, 모두 한국 나이로 계산해야 한다. 할머니, 아빠, 엄마, 재민이, 소민이 나이를 모두 합치면 몇 살일까?

할머니 : 2022년은 임인년 흑호랑이띠의 해로구나. 이번 봄에 환갑잔치를 했었는데….

아빠 : 재민아, 아빠는 돼지띠야!

엄마 : 재민아, 너는 무슨 띠인지 아니? 너는 토끼띠란다.

아빠 : 소민이는 엄마가 28살에 낳았단다.

엄마 : 아빠는 엄마보다 4살 더 많아.

힌트

십이간지는 다음과 같다.

子 (자)	丑 (축)	寅 (인)	卯 (묘)	辰 (진)	巳 (사)	午 (오)	未 (미)	申 (신)	酉 (유)	戌 (술)	亥 (해)
쥐	소	범	토끼	용	뱀	말	양	원숭이	닭	개	돼지

답: 223쪽

136

다음 두 개의 원 안에 있는 숫자들은 동일한 규칙을 가지고 있다. A와 B 에는 어떤 숫자가 들어가야 할까?

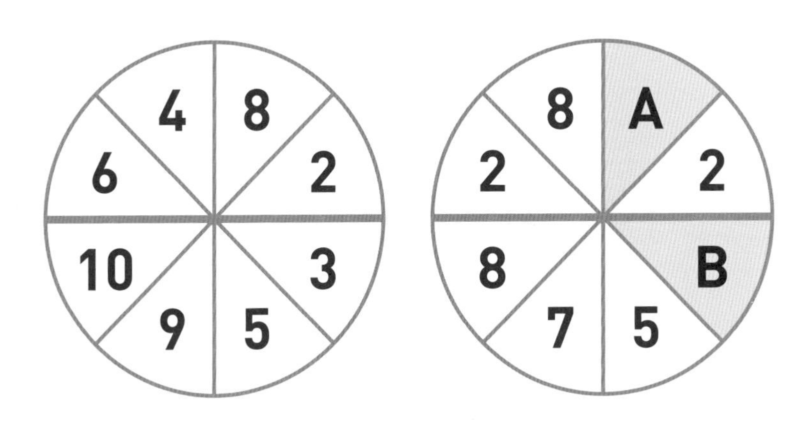

답: 223쪽

137

암호를 해독한 제이는 바로 문자를 보냈다. 그런데 문자를 받은 사람은 다름 아닌 유빈이었다. 유빈은 곧 자신이 국정원 요원임을 털어놓았다. 그리고 원 박사가 이집트 유적을 발굴하다 이상한 상자를 발견한 것, 상자를 열지 못해 다시 돌아온 것, 그리고 여러 은밀한 기관으로부터 추적을 받아온 사실들을 이야기해줬다. 유빈은 원 박사에게 달아두었던 위치 추적기를 작동시켜 원 박사가 있는 장소를 알아냈다. 그리고 제이와 함께 현장으로 달려갔다. 원 박사는 밧줄로 묶여 있었던 듯, 의자와 끊어진 밧줄들이 이곳저곳에 널려 있었다.

하지만 원 박사를 납치한 것으로 보이는 사람은 아무도 없었고 몇몇 외국인들만 주위를 살피고 있었다.

“도청된 것 같아요. 암호 체계도 너무 쉬웠고요. 박사님은 어딘가에 더 어려운 암호로 메시지를 남겨두었을 거예요.”

외국인들이 돌아간 뒤 두 사람은 원 박사의 메시지를 찾아보았다. 마침내 제이가 의자 뒤에서 조그맣게 긁어 쓴 문자들을 발견했다. 의자에 적힌 암호문을 해독할 수 있을까?

블록마다 각 칸에 1~5의 자연수를 채워보자. 빈칸에는 어떤 숫자가 들어가야 할까?

1. 각 가로줄과 세로줄, 대각선에 숫자가 중복되면 안 된다.
2. 블록 안에 있는 숫자는 자신이 속한 5개의 작은 칸에 있는 숫자를 모두 더한 값이다.

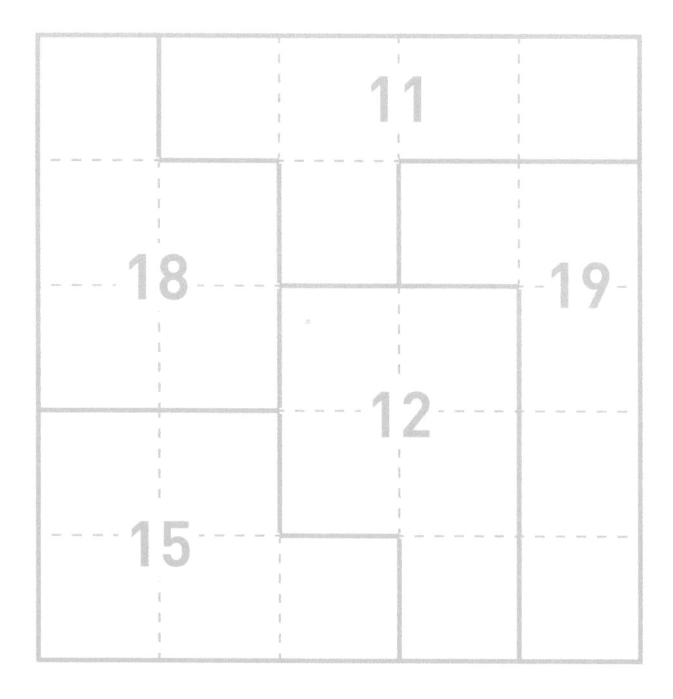

 답: 224쪽

139

다음 그림의 원에는 1~13의 자연수가 한 번씩만 들어가야 한다. 삼각형 속 숫자는 자신을 둘러싼 원 안의 숫자를 모두 더한 값이다. 빈칸을 채워보자. 빈칸에는 어떤 숫자가 들어가야 할까?

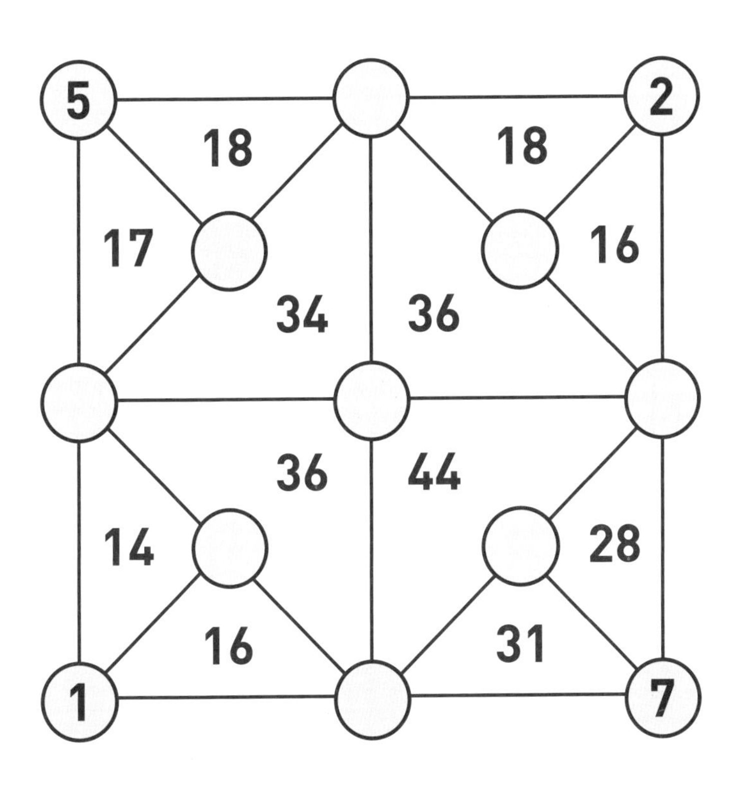

답: 225쪽

다음 카드의 알파벳들은 특별한 규칙을 가지고 암호로 만들어져 있다. 물음표에는 어떤 알파벳들이 들어가야 할까?

 답: 225쪽

141

네 명의 아이들이 모여서 추석에 쓸 송편을 만들고 있다. 지금까지 아이들이 만든 송편 수는 모두 19개이다. 다음 대화를 보고 태경이가 만든 송편 수를 알 수 있을까?

여진이는 송편을 정말 빨리 만드네. 내가 만든 양의 2배나 되잖아.

내가 1개만 더 만들었으면 진경이가 만든 개수의 3배가 됐을 텐데 아깝다. 그래도 내가 두 번째로 많이 만들었어.

여진이가 가장 많이 만들었어. 내가 꼴찌야.

태경

진경

민수

답: 225쪽

어느 산골 마을로 들어가는 입구에는 네 갈래 길이 있다. 각 길 앞에는 표지판이 하나씩 꽂혀 있다. 단, 잘못된 길 앞의 표지판에는 거짓이 적혀 있고, 올바른 길 앞의 표지판에는 진실이 적혀 있다. 네 갈래 길 가운데 단 한 곳만 마을로 들어가는 길이고 나머지는 모두 잘못된 길이라면 A~D 중 바른 길은 어떤 것일까?

A 앞의 표지판 : B는 잘못된 길이다.

B 앞의 표지판 : 이 길은 바른 길이다.

C 앞의 표지판 : B 앞의 표지판 또는 D 앞의 표지판 가운데 적어도 한 곳에는 진실이 적혀 있다.

D 앞의 표지판 : C 앞의 표지판에 적혀 있는 글은 진실이다.

 답: 225쪽

143

25개의 숫자 블록을 이용해서 가로줄과 세로줄의 합이 모두 0이 되는 정사각형을 만들려고 한다. 아래에 나열되어 있는 블록으로 나미지 빈 곳을 채워 도형을 완성하려 할 때 필요 없는 블록이 하나 있다. 이 블록의 숫자는 무엇일까?

-1		5		
4		-6		3
-6	2			
	3	4		-1
			1	

0	-1	-5	5
-6	3	1	2
4	9	-8	7
-3	-7	-2	

답:226쪽

다섯 명의 아이들이 1~10의 숫자가 적혀 있는 카드를 2장씩 가지고 있다. 진경이가 갖고 있는 카드의 숫자를 더하면 여진이의 2배가 된다. 여진이가 갖고 있는 카드의 숫자의 합은 예경이의 2배가 되고, 희연이가 가진 카드는 다정이의 2배가 된다. 단, 같은 숫자가 적혀 있는 카드는 없다. 다정이가 갖고 있는 카드의 숫자의 합은 몇일까?

 답: 226쪽

145

다음과 같이 육각형을 조합해 만든 도형이 있다. 파란색 출발점부터 빨간색 도착점까지 거쳐 가는 도형 속 숫자들을 모두 더했을 때 50이 되는 최단 경로를 찾아보자. 어떻게 가야 할까?

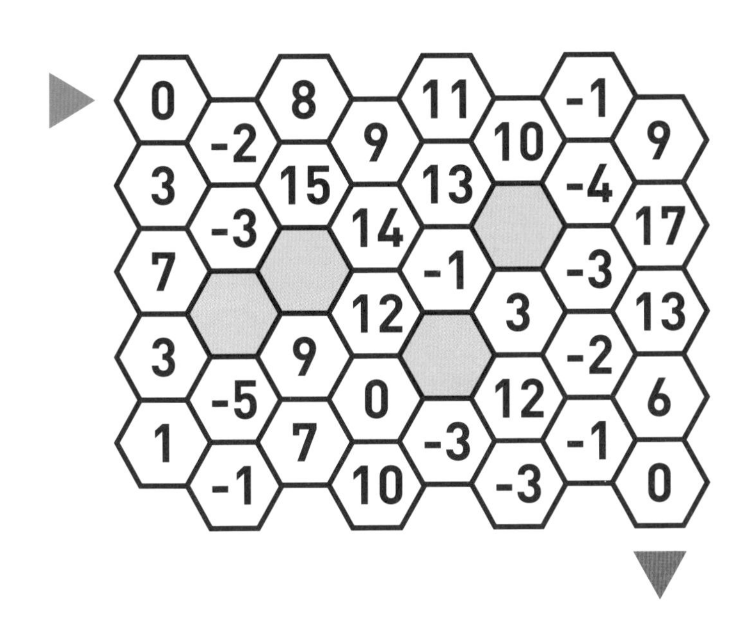

답: 226쪽

다음 중 다른 특성을 가지고 있는 알파벳이 하나 있다. 이 알파벳은 어느 것일까?

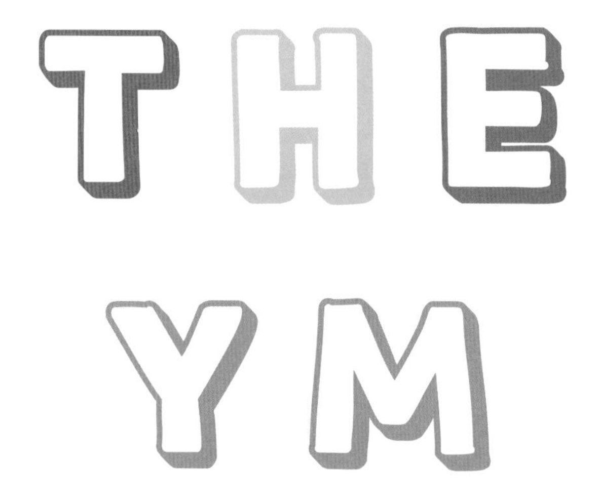

답: 226쪽

147

'보기'의 카드에 적힌 숫자들에 특별한 규칙을 적용시켜 더하면 2957이 된다. 동일한 규칙을 아래 그림에도 적용했을 때 나올 값은 얼마일까?

보기

= ?

답: 226쪽

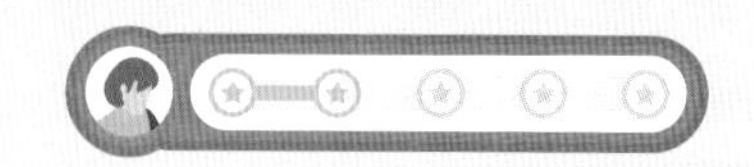

다음 암호문에는 음식의 이름이 숨어 있다. 음식은 무엇일까?

DSTDE
RADRD
DDAWB
DSERD
EDRYD
D

 답: 226쪽

149

램프가 고장나는 바람에 숫자 하나가 잘못 표시되는 디지털시계가 있다. 다음 7개의 램프 중 1개가 망가져서 숫자 0~9 가운데 4개는 잘못 표시된다. 망가진 램프는 몇 번일까?

답: 227쪽

150

다음과 같이 눈금이 표시되어 있지 않은 생수병, 우유병, 음료수 병이 있다. 우유병에 1리터, 생수병에 4리터의 물이 담겨 있으려면 어떻게 해야 할까? 생수병의 물을 다른 병에 옮기는 방법은 6가지가 있다. 물을 옮기는 순서에 따라 기호를 나열해보자.

A 생수병 ➡ 우유병
B 생수병 ➡ 음료수 병
C 우유병 ➡ 생수병
D 우유병 ➡ 음료수 병
E 음료수 병 ➡ 생수병
F 음료수 병 ➡ 우유병

물이 가득 찬 생수병
5리터

빈 우유병
2.3리터

빈 음료수 병
1.2리터

 답: 227쪽

다음과 같이 패턴 인식으로 잠금이 풀리는 스마트폰이 있다. 다음 힌트를 보고 잠금화면을 풀 수 있을까?

힌트

1. 정사각형 안에 동일한 간격으로 9개의 점이 배열되어 있으며, 이 중 8개만 사용된다.
2. 각 점을 잇는 선은 상하좌우로는 이어지지 않고, 대각선 방향으로만 이어진다.
3. 각 점을 잇는 모든 선의 길이는 같으며, 사용되는 선의 개수는 8개다.
4. 두 점을 잇는 선은 다른 점 위를 거쳐 가지 않는다.
5. 출발점과 도착점 모두 왼쪽 맨 위의 점이다.

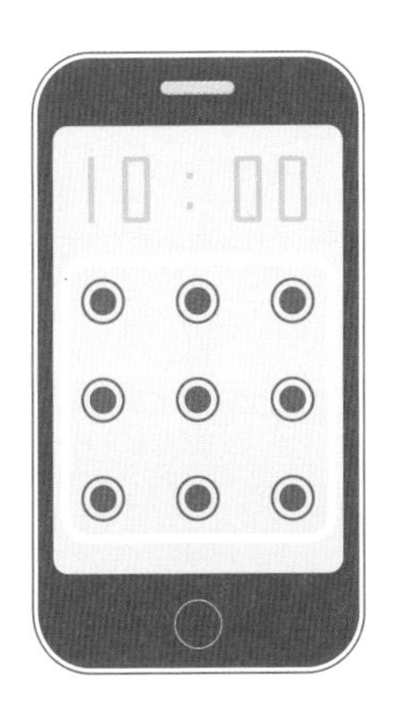

답: 227쪽

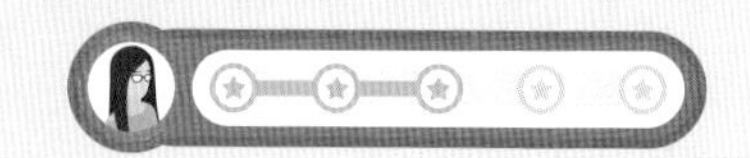

높이가 1미터인 막대기와 너비가 80미터인 직사각형 건물이 있다. 이 막대기의 그림자 길이는 30센티미터이며, 건물의 그림자 길이는 75미터이다. 건물의 외부는 모두 가로세로 2.5미터짜리 유리창으로 이루어져 있다. 단, 유리창과 유리창 사이에는 틈이 없는 것으로 간주한다. 건물 앞면을 덮고 있는 유리창은 총 몇 개일까?

 답: 228쪽

153

다음 중 1개의 도형을 제외한 나머지 도형들로 정사각형을 만들 수 있다. 필요 없는 조각 1개가 있다. 단, 조각은 뒤집거나 회전해서 맞출 수 없다. 보기 A~F 중 어느 것일까?

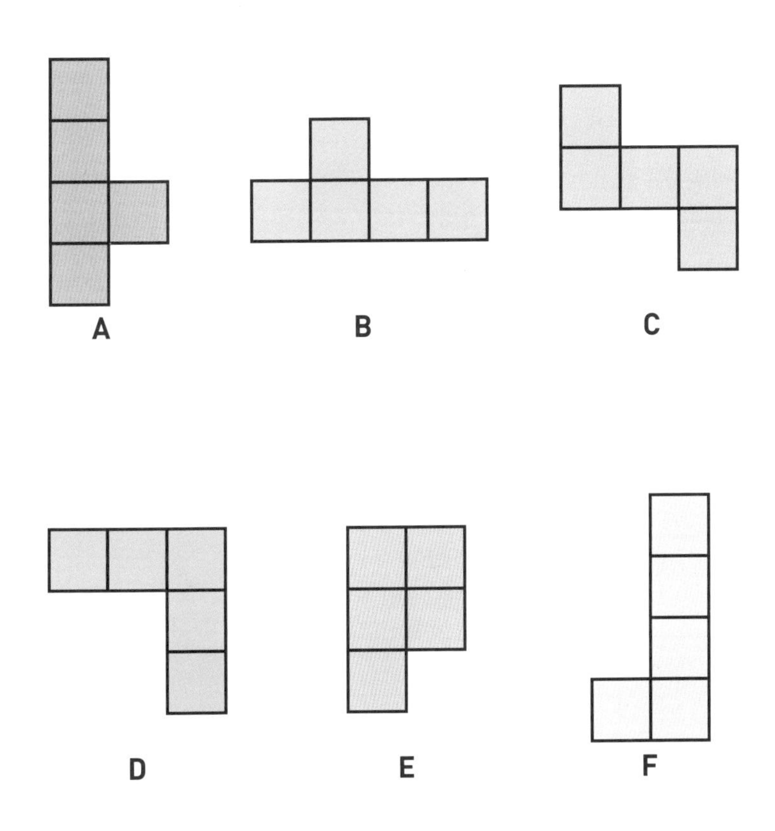

답: 228쪽

“아, 제이 씨가 없었다면 암호를 해독하지 못했을 거예요. 참 다행이에요. 우리나라에서 그쪽으로 가는 직항 노선은 없어요. 우즈베키스탄의 타슈켄트를 거쳐 가지요. 비행시간은 11시간 정도 걸릴 테고… 당장 항공편부터 알아봅시다.”

유빈은 국정원에 보고하고 항공편을 추적해봤지만, 원 박사가 탔을 것으로 추정되는 비행기는 이미 착륙한 뒤였다. 원 박사의 좌석을 수색해 달라고 본부에 요청한 유빈은 다행히 입국신고서 뒷면에 적혀 있는 이상한 암호를 팩스로 받아볼 수 있었다.

다음 암호를 해독하고 지시대로 수행하라. 원 박사의 목숨이 여러분의 손에 달렸다. 암호문의 내용은 무엇일까?

 답: 228쪽

MENSA PUZZLE

멘사코리아 수학 트레이닝

해답

001 1명

소거법을 이용하면 주어진 조건으로 과일과 과자, 사탕을 모두 먹은 아이의 수를 구하는 식을 만들 수 있다. 먼저 연산이 가능한 형태로 조건들을 변형해보자.

1. 과일 또는 사탕을 먹은 아이 = 전체 아이 − (아무것도 안 먹은 아이 + 과자만 먹은 아이) = 6

   즉, 아무것도 안 먹은 아이 + 과자만 먹은 아이 = 4
2. 과일과 과자를 둘 다 먹은 아이 = 과일과 과자만 먹은 아이 + 모두 먹은 아이 = 3
3. 사탕은 먹지 않고 과자를 먹은 아이 = 과일과 과자만 먹은 아이 + 과자만 먹은 아이 = 4

제시된 조건에서 중복되는 부분을 빼주면 필요한 사항만 남게 된다. 각 조건을 다음 식에 대입해보자.

(아무것도 안 먹은 아이 + 과자만 먹은 아이) + (과일과 과자만 먹은 아이 + 모두 먹은 아이) − (과일과 과자만 먹은 아이 + 과자만 먹은 아이) − 아무것도 안 먹은 아이 = 모두 먹은 아이

조건을 대입해 계산해보면 4 + 3 − 4 − 2 = 1이므로, 과일과 과자, 사탕을 모두 먹은 아이는 1명이 된다.

002 × 또는 +

$2^3 = 4 + 5 - 1$ 또는 $13 - 2 \times 4 = 5$

003 5

연결되어 있는 각각의 숫자들 중에서 가로 방향 또는 세로 방향에 연속으로 나열된 숫자 3개의 합은 항상 10이 된다.

6 + 2 + 2 = 10, 6 + 1 + 3 = 10, ⋯.

3 + ? + 2 = 10이므로 물음표에는 5가 들어가게 된다.

004 3

네모 칸 속의 숫자는 중앙에 위치한 하늘색 칸과의 거리를 의미한다.

005

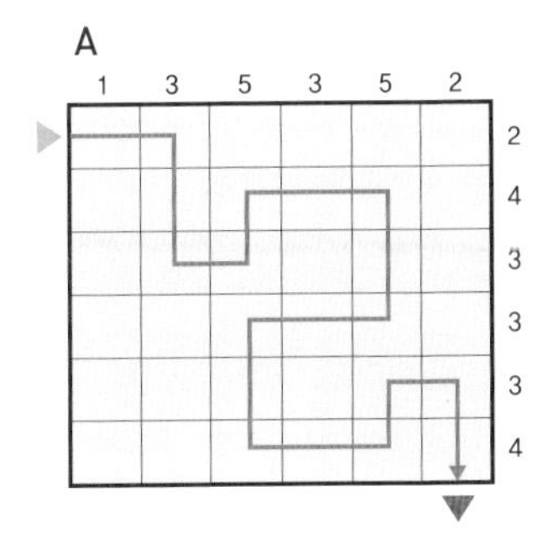

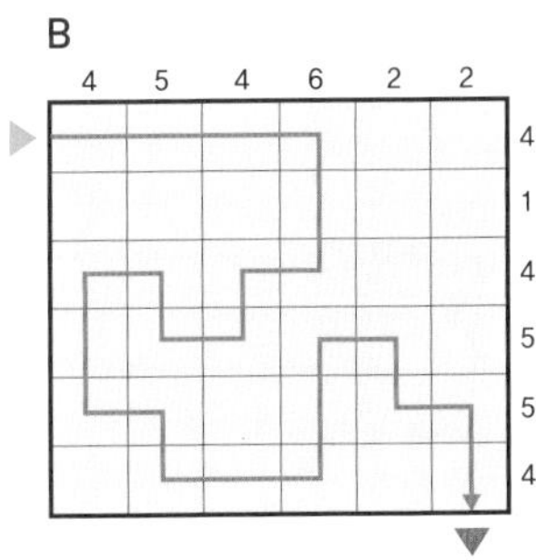

006 4

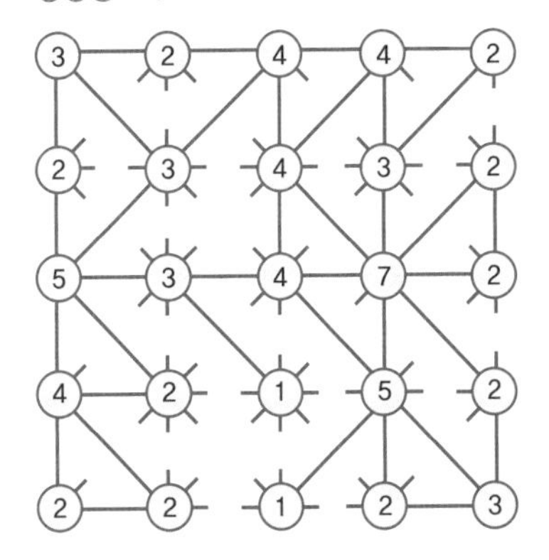

007 앞앞앞, 뒤앞앞, 뒤뒤앞, 앞뒤앞, 앞뒤뒤, 앞앞뒤, 뒤앞뒤, 뒤뒤뒤

008

		1							
	X		●	X	3	●		X	
3	●			●	X				X
				X	●	3			
								0	
	X	●	X	X	X	X	●		3
			1						
●		X	X	●		X	3		
X	●	X	X	5		●			●
	2								

009 3명

먼저 경우의 수를 표로 만들어보자.

	장갑	모자	양말
A	회색	회색	회색
B	회색	회색	검정색
C	회색	검정색	회색
D	회색	검정색	검정색
E	검정색	회색	회색
F	검정색	회색	검정색
G	검정색	검정색	회색
H	검정색	검정색	검정색

이 가운데 첫 번째 조건(장갑과 모자는 다른 색)을 만족하는 경우는 C, D, E, F뿐이다. 따라서 나머지 조건들을 이용해 다음과 같은 방정식을 만들 수 있다.

아이가 모두 20명이므로 C+D+E+F=20

두 번째 조건을 충족하는 아이는 D+E=10

세 번째 조건을 충족하는 아이는 D+F=8

네 번째 조건을 충족하는 아이는 C+D=12

그러므로 D=5, E=5, F=3, C=7이 된다. 검정색 장갑, 회색 모자, 검정색 양말을 선물받은 아이는 F에 해당하므로 정답은 3명이다.

010

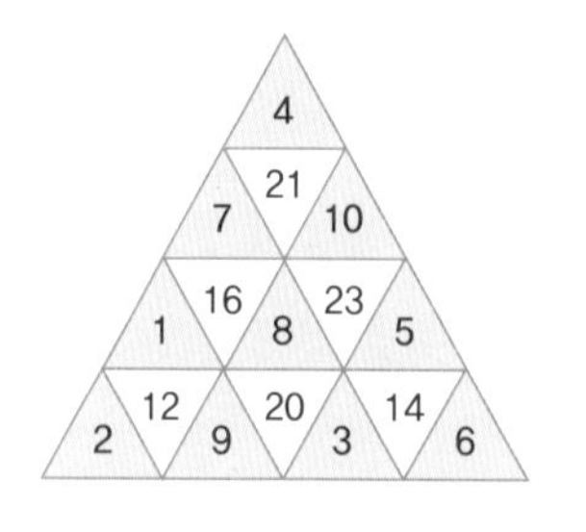

011 C

표 속의 숫자들은 모두 자신 외에는 나눠질 수 없는 소수로만 구성되어 있다.

012 13

노란색 칸 하나마다 다음 숫자를 곱한 뒤 모두 더하면 된다.

첫 번째 가로줄 : 1

두 번째 가로줄 : 2

세 번째 가로줄 : 3

네 번째 가로줄 : 4

013 A=21, B=22

표 속의 숫자 중 십의 자리는 같은 가로줄에 있는 칸 중 자신을 제외하고 숫자가 들어 있는 칸의 개수에 1을 더한 수이다. 일의 자리는 세로줄에 있는 칸 중 자신을 제외하고 숫자가 들어 있는 칸의 개수에 1을 더한 수이다.

014 143개

4, 5, 7의 최소공배수인 140에 3을 더하면 된다.

015 4

왼쪽 표에 있는 숫자들은 각각 자신의 숫자만큼 시계 방향으로 칸을 이동한다.

7	4	2
1	◎	15
4	6	9

016 10개

두 번째 조건을 보면 ☆☆☆☆◇◇ = ♡♡♡♡♡♡♡♡는 ☆☆◇×2 = ♡♡♡♡♡♡♡♡이므로 ☆☆◇ = ♡♡♡♡라는 등식이 성립한다.

첫 번째 조건에서 ☆◇◇◇ = ♡♡♡♡♡♡라고 정의되어 있다.

☆☆☆◇◇◇◇는 ☆◇◇◇☆☆◇로 재정렬할 수 있으므로

☆◇◇◇☆☆◇ = ♡♡♡♡♡♡♡♡♡♡

10개가 정답이다.

017 ☆, 11

물음표에 들어갈 기호는 ☆, ♡, ◇ 셋 중 하나라는 전제 하에 풀어보자. 그러면 미지수는 3개, 식도 3개가 나오므로 연립방정식을 이용해 미지수를 제거하면서 풀 수 있다.

1. ?가 ☆인 경우를 가정해보자.

♡ + ☆ + ?는 ♡ + ☆ + ☆이다. 두 식에 동일하게 들어 있는 ☆과 ♡를 1개씩 삭제해주면

♡+☆+☆ = 31

☆+♡+♡ = 29

☆−♡ = 2라는 것을 알 수 있다.

☆ = ♡+ 2이므로

☆+♡+♡ = 29는

♡ +2+♡ + ♡ =29로 바꿀 수 있다.

3×♡ = 27, 즉 ♡ = 9이다.

다시 ☆ = ♡+ 2에 이 수를 대입하면 ☆ = 11이 나오고, 다시 ♡ + ♡ + ◇ = 22에 대입하면 9 + 9 + ◇ = 22이므로 ◇ = 4임을 알 수 있다.

2. ?가 ♡인 경우를 가정해보자.

♡ + ☆ + ?는 ♡ + ☆ + ♡이므로 두 식에서 동일한 기호를 삭제하면

☆ + ♡ + ♡ = 29

♡ + ☆ + ♡ = 31

0 = −2가 나온다. 이 식은 성립할 수 없으므로 오답이다.

3. ?가 ◇인 경우를 가정해보자.

♡ + ☆ + ?는 ♡ + ☆ + ◇이다. 두 식에서 동일한 기호를 삭제하면

♡ + ☆ + ◇ = 31

♡ + ♡ + ◇ = 22

☆ − ♡ = 9이므로 ☆ = 9 + ♡이다.

이것을 ☆ + ♡ + ♡ = 29에 대입해 보면 9 + ♡ + ♡ + ♡ = 29가 된다.

♡ + ♡ + ♡ = 20이므로

♡ = 6.6666… 즉 자연수가 아니게 된다. 그러므로 오답이다.

018

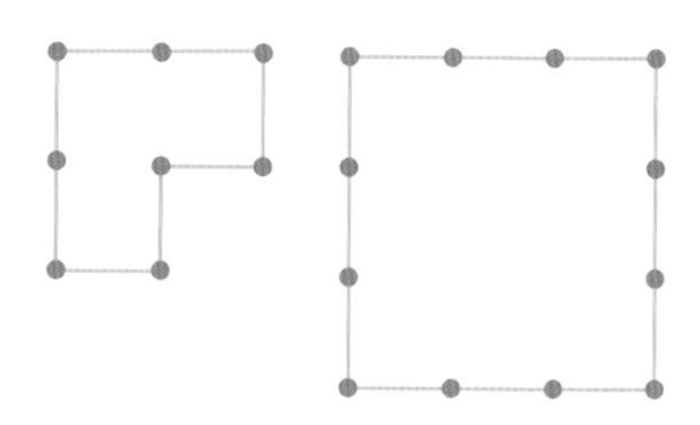

019 **8**

각각의 동그라미가 의미하는 것은 다음과 같으며, 동그라미의 순서대로 계산된다.

● = +2

○ = ×2

⊕ = ÷2

즉, $[\{(2+2)\times2\}\div2]\div2=2$

$[\{(2+2)+2\}\times2]\times2=24$

$[\{(2\times2)\times2\}\div2]+2=6$

$[\{(2\times2)+2\}\times2]\div2=6$

$[\{(2+2)\times2\}\times2]\div2=8$

020 **희백이 : 바지, 성균이 : 운동화, 용운이 : 스마트폰, 예경이 : 액자**

1. 운동화는 1층에서 판다고 했기 때문에 이것을 살 수 있는 아이는 성균

이밖에 없다.(나머지는 두 번째, 세 번째, 네 번째 조건에 의해 제외.)

2. 성균이가 1층에서 물건을 샀기 때문에 예경이는 3층에서 물건을 산 것이 된다. 하지만 3층에서는 스마트폰을 팔지 않기 때문에 예경이가 산 것은 액자가 된다.
3. 위 두 가지 추론과 여섯 번째 조건에 의해 바지는 4층에서 파는 것이 되므로, 희백이가 바지를 산 것을 알 수 있다. 마지막 남은 스마트폰은 용운이가 산 것이 된다.

021

2	+	2	÷	2	=	2
+						×
6						2
=						=
8	-	4	÷	1	=	4

022 A=2, B=3

2, 3, A, B	→	12	$(3\times A)+(2\times B)=12$
1, 4, A, B	→	11	$(4\times A)+(1\times B)=11$
7, 2, A, B	→	25	$(2\times A)+(7\times B)=25$
4, 5, A, B	→	22	$(5\times A)+(4\times B)=22$

A=2, B=3

023 A=3, B=2

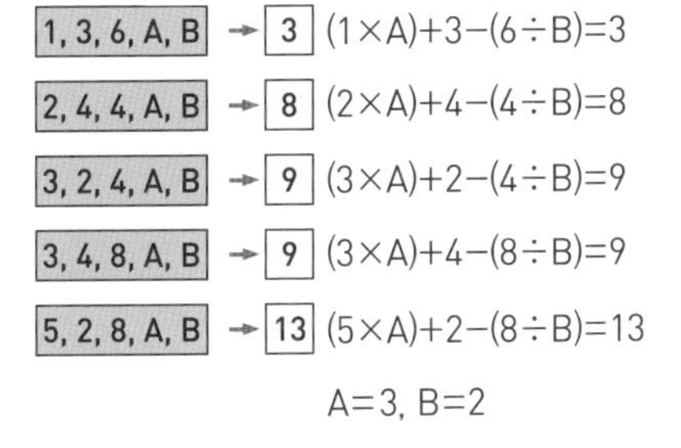

1, 3, 6, A, B	→	3	$(1\times A)+3-(6\div B)=3$
2, 4, 4, A, B	→	8	$(2\times A)+4-(4\div B)=8$
3, 2, 4, A, B	→	9	$(3\times A)+2-(4\div B)=9$
3, 4, 8, A, B	→	9	$(3\times A)+4-(8\div B)=9$
5, 2, 8, A, B	→	13	$(5\times A)+2-(8\div B)=13$

A=3, B=2

024

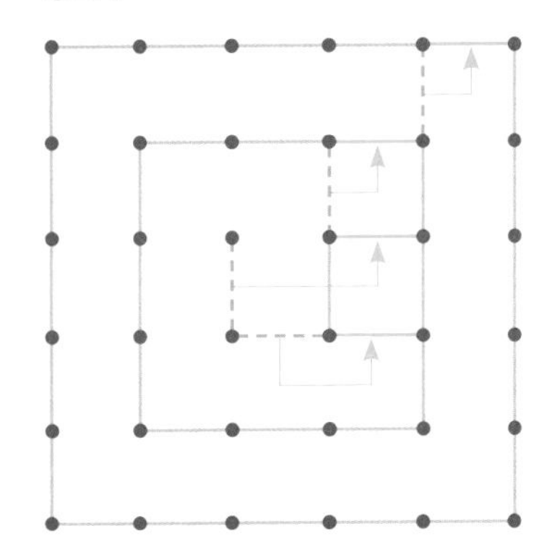

025

5	−	3	+	2	=	4
+		+		+		×
2	−	1	+	4	=	5
−		+		×		÷
3	×	2	−	1	=	5
=		=		=		=
4	×	6	÷	6	=	4

026

1. $3 \times 3 - 1 = 8$
2. $18 \div (4 + 2) = 3$
3. $(1 + 3) \times (2 + 4) \div 8 = 3$
4. $(2 + 3 + 1) \times 3 - 3 = 15$
5. $(16 - 4) \div (2 + 2) + 1 = 4$
6. $(12 + 22 + 6) \div (2 + 2) + 3 \times 3 = 19$

027 33

맨 위 꼭짓점 숫자는 밑변 두 꼭짓점 숫자의 합이다. 가운데 숫자는 맨 위 꼭짓점 숫자에 밑변 두 꼭짓점 숫자의 차를 곱한 값이다. 단순히 8, 16, 24의 순차 순열을 생각하고 32로 생각했다면 함정에 걸린 것이다. 마지막 삼각형은 11에 4와 7의 차인 3을 곱해야 한다. $3 \times 11 = 33$이 정답이다.

028

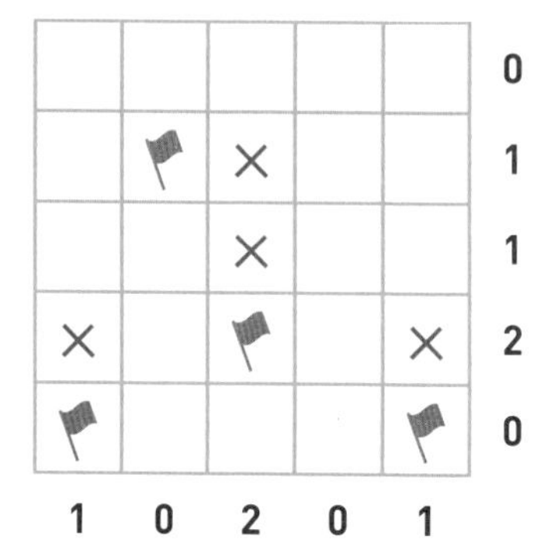

029 20

굵은 선 아래쪽에 있는 숫자들은 각 숫자의 대각선 맞은편 방향에 있는 숫자를 포함해 굵은 선 위의 왼쪽에 있는 숫자까지 모두 더해서 2로 나눈 값이다. 오른쪽 2부터 시계 방향으로 계산하면

$4 \div 2 = 2$

$(4+12) \div 2 = 8$

$(4+12+8) \div 2 = 12$

$(4+12+8+6) \div 2 = 15$

$(4+12+8+6+10)\div 2=20$

$(4+12+8+6+10+14)\div 2=27$

따라서 10의 맞은편에는 20이 들어간다.

030 19

$(12+22+6)\div(2+2)+3\times 3=19$

031 D

각 그룹에는 구슬들이 최소 1개에서 최대 3개까지 들어 있다. 그러므로 각 사람은 한 번에 최소 1개에서 최대 3개까지 구슬을 가져올 수 있다. 철수가 최대 3개가 들어 있는 D 그룹의 구슬을 모두 가져와버리면 순이는 남은 구슬 중 어느 그룹에서 몇 개를 가져오든 질 수밖에 없다.

032 C

오른쪽으로 갈수록 가장 큰 숫자가 하나씩 없어지고 있다.

033 3

각각의 표에 있는 숫자들의 합이 1씩 증가하고 있다.

첫 번째 표 : $4+3+8+1=16$

두 번째 표 : $5+3+8+1=17$

세 번째 표 : $5+4+8+1=18$

네 번째 표 : $5+4+2+8=19$

다섯 번째 표 : $5+4+8+3=20$

034 22명

사탕의 개수를 X, 아이들의 인원수를 Y로 하여 방정식을 만들면 다음과 같다.

$(X-2)\div 5=Y$, $(X\div 2)+7=(Y-1)\times 3$

$X=(5\times Y)+2$, $X=(6\times Y)-20$

$(5\times Y)-(6\times Y)=-22$

$Y=22$, $X=112$

즉, 아이들은 22명이며 처음에 있었던 사탕 개수는 112개다.

035 A, G

15	25	41	16	21	32
12	D 32	17	C 46	22	E 21
43	5	21	17	28	36
25	F 33	18	26	32	B 16
18	27	34	18	21	32
37	H 28	19	27	26	13

036 A

문제의 단어들은 가운데 두 글자의 순서가 바뀌어서 다음 단어의 맨 처음 두 글자가 된다.

037

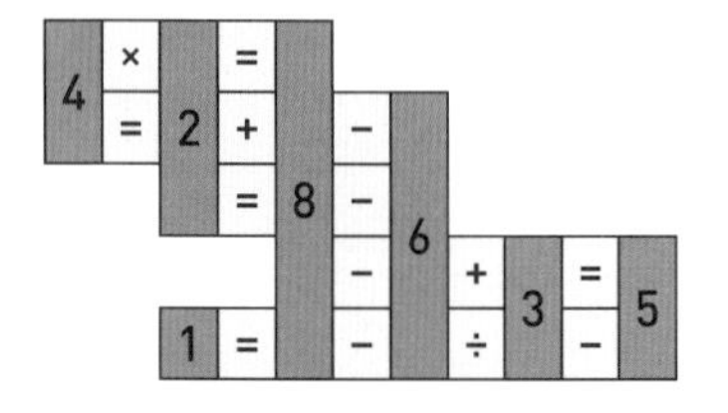

038 70615243

1. 금고 번호에 쓰이는 숫자를 나열하면 0, 1, 2, 3, 4, 5, 6, 7이다.
2. 가우스 법칙을 이용하면 둘씩 짝지어 합했을 때 같은 수가 나오도록 할 수 있다. 가장 작은 수와 가장 큰 수를 합하면 7이 나온다.(0+7=7, 1+6=7, 2+5=7, 3+4=7)
3. 0과 7, 1과 6, 2와 5, 3과 4는 각각 두 숫자의 합이 7로 일치한다. 여기서 가장 큰 수를 구하려면 큰 숫자를 앞으로 옮기면 된다.
4. 정답은 70615243이다.
   07… 또는 0716… 또는 34251607이라는 답을 낸 사람은 함정에 빠진 것이다.

039 9081726354

특정한 수의 배수이면서 동시에 각 자릿수의 숫자를 합쳐도 그 수의 배수가 되는 특성을 가진 숫자를 찾는 문제이다. 예를 들어 9의 35배수인 9×35=315는 9의 배수이면서 각 자리 숫자 3, 1, 5를 합해도 9의 배수가 된다. 따라서 두 숫자의 합이 9의 배수인 조합을 찾으면 된다.

가장 큰 숫자인 9와 8을 합해도 18이 안 되므로 합해서 9가 나오는 조합은

09, 18, 27, 36, 45와 90, 81, 72, 63, 54가 있다.

모두 9의 배수이며 각 자리 숫자의 합 또한 모두 9로, 즉 9의 1배수이다. 이 중 큰 수를 고르면 9081726354가 정답이다. 두 자리씩 나눈 수가 모두 같다(합이 모두 9)는 힌트를 주었다면 이전 문제와 유사해서 금방 풀었을 것이다. 참고로 각 숫자의 배수가 가진 특성을 알아보면 다음과 같다.

1. 2의 배수 : 일의 자릿수에서 2, 4, 6, 8, 0이 10 단위로 반복된다.
   4의 배수 : 일의 자릿수에서 4, 8, 2, 6, 0이 20 단위로 반복된다.
   7의 배수 : 7, 14, 21, 28, 35, 42, 49, 56, 63, 70. 일의 자리 숫자는 숫자 10개가 모두 쓰이지만 일의 자리 숫자와 십의 자리 숫자를 합치면 7의 배수가 아니다.(70 제외)
   5, 6, 8의 배수 : 10개의 숫자가 모두 사용되지 않는다.
2. 3의 배수 : 3, 6, 9, 12, 15, 18, 21, 24, 27, 30. 일의 자리 숫자는 숫자 10개가 모두 쓰이지만 십의 자리 숫자는 반복된다.
   9의 배수 : 9, 18, 27, 36, 45와 54, 63, 72, 81, 90. 숫자 10개가 모두 사용된다.
3. 또한 9의 배수는 각 자리 숫자를 합하면 모두 9의 배수이다.

040 896723

두 자리 숫자 중 연속된 숫자로 이루어진 소수는 23, 67, 89 이렇게 3개이다. 이들 조합 중 가장 큰 수인 896723이 정답이다. 소수의 개념만 알면 별로 어렵지 않다. 원 박사가 제이를 과소평가했다. 다시 말하자면 연속된 숫자는 12, 23, 45, 56, 67, 78, 89, 90이며 이 중에서 소수는 23, 67, 89이다. 23의 두 숫자를 합하면 5, 67은 13, 89는 17이며 5, 13, 17은 모두 소수이다. 01도 맞다고 생각할 수 있지만, 그렇더라도 896701보다 896723이 더 크다.

041 2단 번호 : 2, 4단 번호 : 59

이번 문제는 '5단 다이얼식 금고'라는 점에 주의해야 한다. 다이얼식 금고는 번호 회전판을 한 번은 오른쪽, 다음번은 왼쪽, 그 다음번은 다시 오른쪽으로 돌려서 번호를 맞춘다. 힌트에 나온 '이동한다'라는 표현은 방향까지 고려해서 이해해야 한다. 그다음은 '변경월과 '변경일'에 주목해야 한다. 금고 번호의 일부가 제시되어 있으므로 먼저 변경월, 그다음 변경일을 찾아가면 문제는 하나씩 해결된다.

1. 1단 번호는 52이다. 1단 번호에서 변경월을 알아낼 수 있다. 52의 반대편 숫자는 12이므로 변경월은 12월이다.
2. 2단 번호는 3단 번호에서 역추론해야 한다. 역추론을 위해 식을 세울 때는 혼동하기 쉬우므로 주의하자. 3단 번호는 앞의 두 번호를 합한 값의 절반만큼 2단 번호에서 가감해서 나온 값이 29이므로 단순히 다음과 같이 계산하면 오산이다.

   $(52+?)\div 2=29$

   $52+?=58$

   $?=6$

   제대로 된 식은 다음과 같다.

   $?+(52+?)\div 2=29$

   ?를 X로 치환하여 풀어보자.

   $X+(52+X)\div 2=29$

   $52+X=(29-X)\times 2$

   $3\times X=58-52$

   $X=2$

   즉 두 번째 금고 번호는 2이다.
3. 2단 금고 번호인 2를 구했다면 변경일을 알아낼 수 있다. 여기서도 실수하지 말아야 할 것이 있다. 다이얼식 금고는 오른쪽과 왼쪽을 번갈아가며 돌린다는 점이다. 2단 금고 번호인 2는 1단 금고 번호인 52에서 왼쪽 방향으로 돌려서 나온 값이다.

   즉, $52-2=50$이며 이 50은 변경일자에서 90도를 더 돌린 것이므로 90도에 해당하는 20을 빼면 $50-20=30$으로 변경일자는 30일이다.

4. 4단 번호는 5단 번호에서 역추론할 수 있다. 5단 번호인 21은 12월+30일=42만큼 오른쪽으로 돌려서 나온 값이다. 이를 거꾸로 빼면 80 이전으로 돌아가야 하는데 21−42=−21이 나온다. 그러므로 80−21=59, 4단 비밀번호는 59이다.

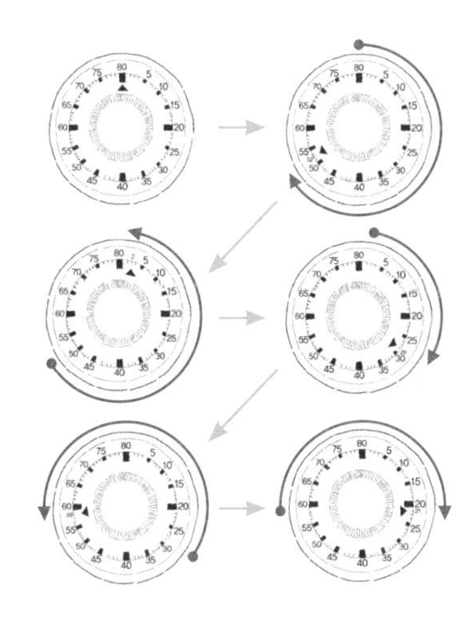

김 지점장이 알고 있었던 특정한 숫자는 무엇인지도 추론해보자. 3단 번호에서 4단 번호로, 즉 29에서 59까지 거꾸로(왼쪽) 이동했음을 잊지 말자. 80을 기준으로 왼쪽으로 59만큼 이동했으므로 80−59=21, 여기에 오른쪽으로 이동한 29를 더하면 21+29=50이므로, 김 지점장이 알고 있었던 특정한 숫자는 50이었다.

금고 번호를 완성하기 위해 알아내야 할 번호는 각각 2와 59였다. 다이얼을 돌리는 순서를 그림으로 그려보면 다음과 같다.

042

4	2	3	1	5
3	1	5	4	2
5	4	2	3	1
2	3	1	5	4
1	5	4	2	3

043

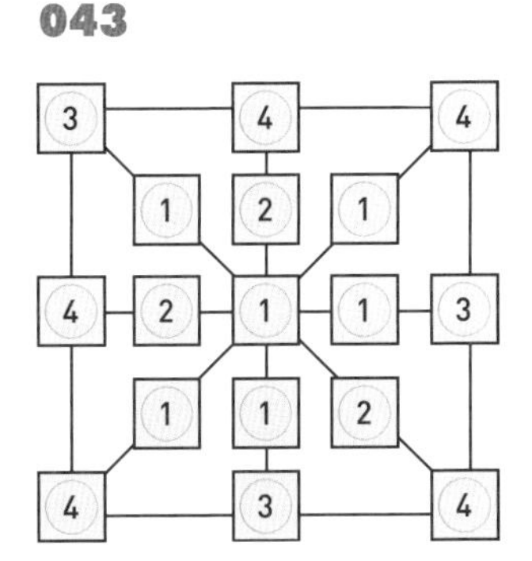

044 3살, 5살, 7살

대화에 나타난 힌트들을 정리해보면 다음과 같다.

1. 아이들의 나이는 모두 다르다.
2. A와 B의 나이 차가 1살이기 때문에 A와 B의 나이를 합하면 홀수가 된다. 그러므로 세 아이들의 나이는 모두 홀수이다.(한 명이라도 나이가 짝수라면 곱한 값도 짝수가 나와 조건에 위배된다.)
3. A와 B가 마지막으로 만난 것이 2년 전이므로 현재 B의 막내 아이는 최소한 3살 이상이다.
4. A와 B는 둘 다 아직 환갑이 지나지 않았으므로 두 아버지의 나이를 합하면 119보다 작으며, 아이들 나이를 곱해도 119보다 작다.

위의 조건들을 모두 조합해보면 가장 작은 숫자는 3이며, 세 수의 곱이 119보다 작은 서로 다른 홀수는 3, 5, 7밖에 없으므로 아이들의 나이는 3살, 5살, 7살이 된다.

045 7

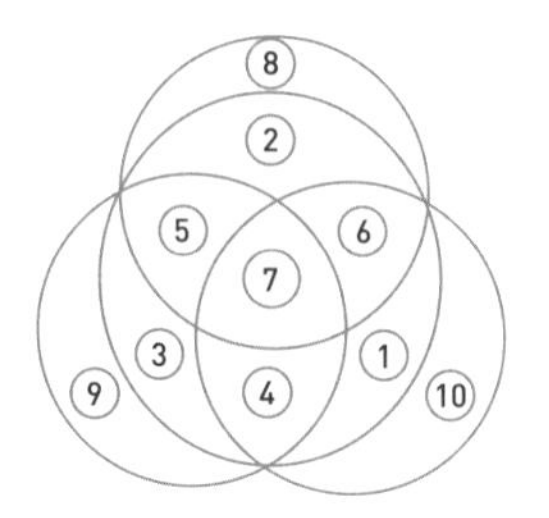

046

	1		4	
	3	1	3	
	2	4	2	

047

4	6	7	5	2	1	3	8
8	1	2	3	4	5	7	6
2	3	6	8	1	7	5	4
3	4	1	2	7	6	8	5
5	7	8	6	3	4	2	1
6	5	4	7	8	2	1	3
7	8	5	1	6	3	4	2
1	2	3	4	5	8	6	7

048 10

4가지 숫자 중 2개를 서로 더해서 만들 수 있는 경우의 수는 총 6가지이다.(이 2개의 숫자가 각각 무엇인지는 알 수가 없으나 경우의 수는 6가지가 나온다.) 가장 큰 수가 홀수라고 가정해보면 임의의 두 카드를 더한 수가 짝수가 되는 경우는 2가지밖에 나오지 않는다.

그러나 가장 큰 수가 짝수일 때는 3개의 짝수에서 임의의 두 수를 더한 값 또는 3개의 홀수에서 임의의 두 수를 더한 값, 이 2가지 경우만 나온다. 즉 가장 큰 수는 짝수이며 3개의 짝수만을 모두 더한 값은 (14+12+18)÷2=22가 된다. 홀수를 제외한 각각의 짝수는 22−12=10, 22−14=8, 22−18=4이며, 이 중 가장 큰 수는 10이다.

049 D, E

7	11	5	8	13	14	22
8	12	7	5	8	21	19
13	7	18	7	6	9	20
6	6	11	31	19	6	1
14	5	14	2	11	23	11
12	22	15	11	13	3	4
20	17	10	16	10	4	3

050

9		7		3		7		1
	20		16		16		12	
3		1		5		1		3
	6		12		14		8	
1		1		5		3		1
	10		10		16		20	
5		3		1		7		9
	16		18		18		28	
1		7		7		3		9

051

0		0		1		
0		1	3	2	1	1
0		1				2
1						2
		0	0			1
		0	0		0	0

052 A : 4개, B : 10개

장갑 무늬의 가짓수보다 1번 더 많이 장갑을 꺼내면 어떠한 경우라도 1개 이상은 같은 무늬가 중복되므로 A는 최소 4개를 꺼내야 한다.

모두 다른 쌍의 장갑이 나올 수 있는 경우의 수는 전체 장갑 개수를 2로 나눈 값, 즉 9이다. 따라서 총 장갑 수의 절반보다 1번 더 많은 수를 뽑으면 최소한 한 쌍의 장갑은 구성될 수 있으므로 B는 최소 10개를 꺼내야 한다.

053

2	6	8	6
7	5	4	6
9	4	5	4
4	7	5	6

054 A = 5, B = 8, C = 2

2	B	9	6	5
9	5	8	2	6
5	2	6	9	8
6	9	5	8	C
8	6	2	A	9

055

5	2	6	7	1	7
2	3	4	9	4	9
6	4	2	1	3	4
7	9	1	1	2	8
1	4	3	2	1	4
7	9	4	8	4	7

056 5

맨 위 시계 방향 첫 번째 분할각부터 보자. 바깥쪽 칸에 1, 안쪽 칸에 2가 있으며 이 두 숫자의 합은 3이다. 그 다음부터는 각 분할각 내의 숫자의 합이 4, 5, 6으로 1씩 증가한다. 그러므로

1+2=3, 2+2=4, 1+4=5, 3+3=6, 2+5=7, 3+?=8이 된다. 따라서 ?는 5이다.

057 **A=3, B=6**

도형 속의 숫자들은 오른쪽으로 한 칸씩 이동할 때마다 가장 작은 수, 가장 큰 수 순으로 번갈아가며 한 숫자씩 없어지고 있으며 배열 순서는 반대로 된다.

058 **56**

가장 안쪽 원 안에 있는 수는 반대편 방향의 바깥쪽 두 숫자를 곱한 뒤, 이 값에서 일의 자리와 십의 자리를 바꾼 숫자이다. 그러므로 물음표에는 13×5=65에서 일의 자리와 십의 자리를 바꾼 56이 들어간다.

059 **6**

각 사각형의 바깥쪽 세 모서리에 있는 숫자를 합해서 나온 값의 일의 자리와 십의 자리를 더하면, 가운데 있는 겹쳐진 사각형에 들어가는 수가 된다. 예를 들어 왼쪽 첫 번째 사각형은 세 모서리 숫자를 합하면 5+3+7=15가 되며, 15의 일의 자리와 십의 자리를 더하면 1+5=6이다. 마찬가지로 물음표에 들어갈 수는 2+8+5=15, 그러므로 답은 1+5=6이 된다.

060 **10**

그림에서 6의 반대쪽 면에 들어갈 수 있는 수는 3밖에 없다. 따라서 2의 반대쪽 면은 1이 되고, 4의 반대쪽 면은 5가 된다. 그러므로 2+5+3=10이다.

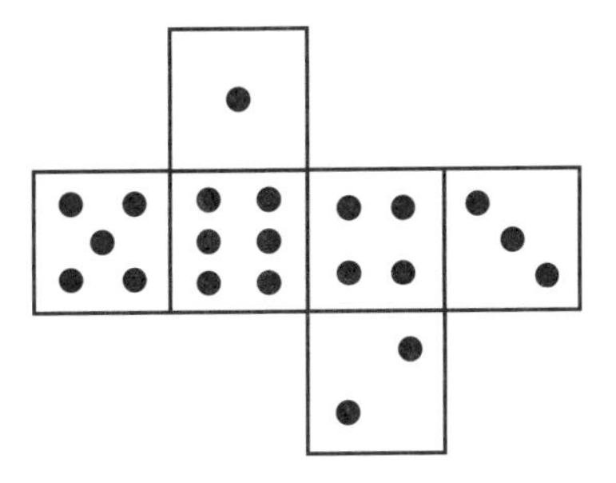

061

이런 유형의 문제를 풀 때는 제시된 조건들을 한눈에 볼 수 있도록 표를 만들어보면 쉽게 풀 수 있다. 표를 만들 때에는 같은 조건이 겹치지 않으면서 모든 경우의 수를 표시할 수 있도록 가로와 세로로 배치하면 된다.

이름	민호	진승	예경	희백
사는 곳	일산	신촌	잠실	강남
자동차 종류	그랜저	소나타	카니발	모닝
자동차 색깔	흰색	검은색	회색	빨간색

		자동차 색깔				자동차 종류				사는 곳			
		회색	검은색	빨간색	흰색	소나타	카니발	그랜저	모닝	일산	신촌	강남	잠실
이름	민호	×	×	×	○	×	×	○	×	○	×	×	×
	진승	×	○	×	×	○	×	×	×	×	○	×	×
	예경	○	×	×	×	×	○	×	×	×	×	×	○
	희백	×	×	○	×	×	×	×	○	×	×	○	×
사는 곳	일산	×	×	×	○	×	×	○	×				
	신촌	×	○	×	×	○	×	×	×				
	강남	×	×	○	×	×	×	×	○				
	잠실	○	×	×	×	×	○	×	×				
자동차 종류	소나타	×	○	×	×								
	카니발	○	×	×	×								
	그랜저	×	×	×	○								
	모닝	×	×	○	×								

062 F

F를 제외한 나머지 도형들은 한 가지 도형을 회전, 대칭이동한 것들이다. 따라서 F의 도형은 다음과 같이 바뀌어야 한다.

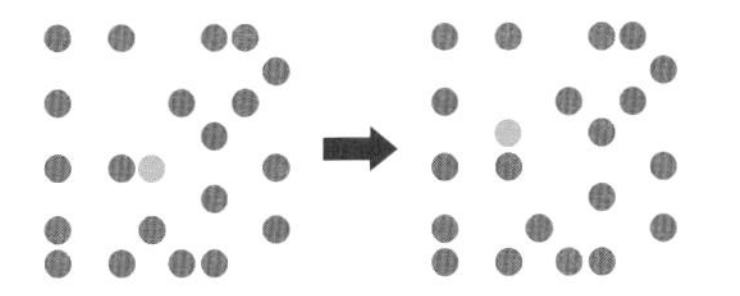

063

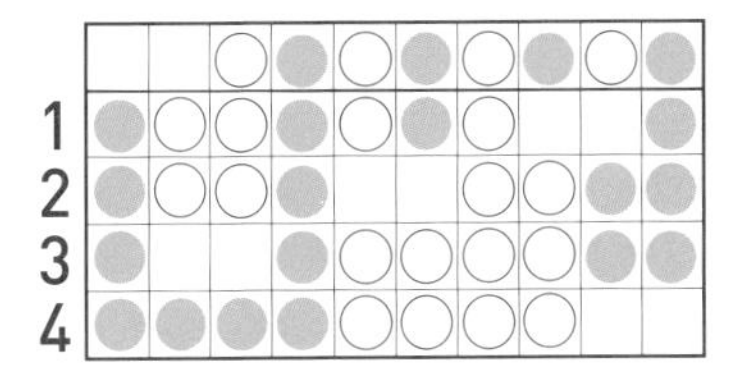

064

1	6	3	5	4	2
2	4	5	6	3	1
5	3	2	1	6	4
4	1	6	2	5	3
6	2	4	3	1	5
3	5	1	4	2	6

065

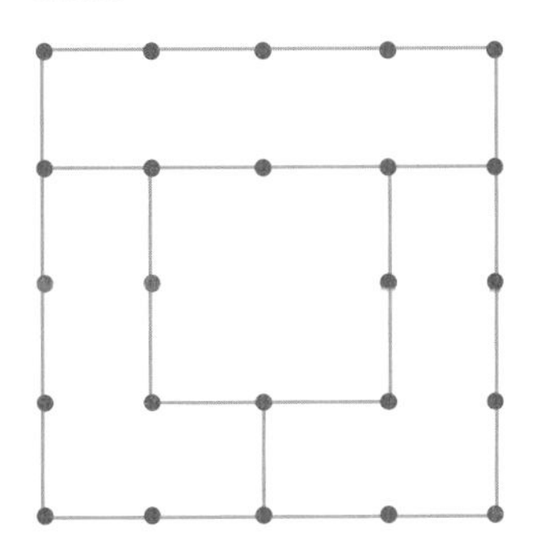

066 ♡= F, ☆ = D

표 안의 숫자는 가로, 세로 방향으로 각각 홀수, 짝수, 홀수, 짝수, 홀수, 짝수가 반복되고 있다. 예를 들면 가로 방향으로 첫 줄은 1, 4, 5, 2, 3, 6이고, 둘째 줄은 6, 1, 8, 3, 6, 1이다. 또한 세로 방향으로 첫 줄은 1, 6, 3, 6, 1, 4이고 둘째 줄은 4, 1, 8, 3, 2, 3이다.

1	4	5	2	3	6
6	1	8	3	6	1
3	8	1	6	1	6
6	3	2	7	4	3
1	2	7	6	7	8
4	3	6	1	2	3

067 4조각

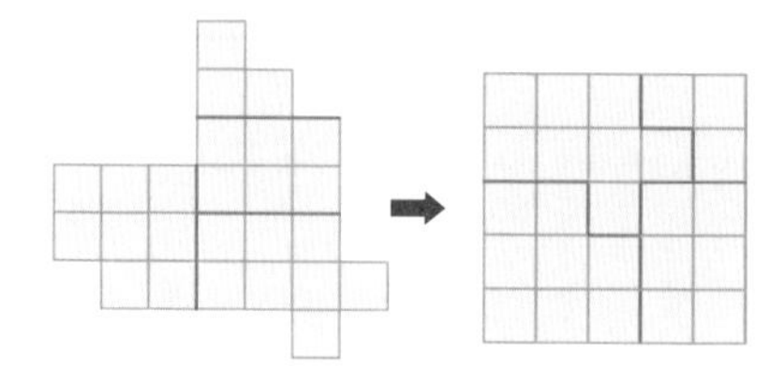

068

	2	4		3	
1			4		
	4				
2	1	1	3		
	4				1

069 C

문제의 문장은 다음과 같이 영어 단어를 한글로 바꾸어서 끝말잇기를 한 것이다.

과학 – 학생 – 생일 – 일곱 – 곱하기

070 C

모든 다이얼은 45도 단위로 조정되어 있다. 45도를 한 단위로 하여 오른쪽으로 돌리면 플러스(+), 왼쪽으로 돌리면 마이너스(–)라고 하자. 첫 번째 다이얼을 기준으로 회전된 정도를 숫자로 나열하면 +3(오른쪽), –1(왼쪽), +4(오른쪽), –2(왼쪽), +5(오른쪽)이 된다. 여기서 숫자의 규칙을 찾아내는 것이 이 문제의 핵심이다. 짝수 번째 다이얼은 +3, +4, +5 순으로 변하고 홀수 번째 다이얼은 –1, –2, ? 순으로 변한다. 따라서 ?는 –3이라는 것을 금방 알 수 있다. 마지막 다이얼은 여섯 번째 다이얼에서 왼쪽 방향으로 45도만큼 3번 회전시키면 되므로 정답은 C이다.

071 A

이 그림은 이집트 상형문자의 숫자들이다. 각 그림이 숫자 몇을 의미하는지 센스 있는 독자라면 금방 이해할 것이다. 상상력과 추리력을 발휘해보자. 막대의 개수는 숫자이다. 이건 쉽다. 그럼 '∩'는 몇을 뜻할까? '10이 아닐까'라고 생각했다면 당신의 추리력에 높은 점수를 주고 싶다.(실제로도 10을 뜻한다.) 그럼 각 칸의 숫자를 풀어서 써보자.

2	4	12
3	9	36
4	16	

여기까지 생각해냈다면 당신의 추리력은 100점이다. 12를 20으로 해석한 독자가 있다면 36은 어떻게 해석했을지 궁금하다. 자, 이제부터 수수께끼의 시작이다. 각 행렬에는 규칙이 있다.

1. 두 번째 열은 각 행별로 앞 열에 2(2×2 = 4), 3(3×3 = 9), 4(4×4 = 16)를 곱한 값이다.
2. 세 번째 열은 각 행별로 앞 열에 3(4×3 = 12), 4(9×4 = 36)를 곱한 값이다.
3. 따라서 빈칸에는 16×5 = 80이 들어가야 한다.

80을 상형문자로 표기하면 다음과 같이 나온다.

072 D

히에로글리프 숫자를 해석하면 다음과 같다.

13	26	32
16	52	
39	78	180

각 행렬에는 규칙이 있다.

1. 각 행의 두 번째 열은 첫째 열의 2배이다.
2. 세 번째 열은 첫째 열과 둘째 열에서 일의 자리와 십의 자리를 합한 뒤, 그 값을 서로 곱한 수이다.
3. 위 규칙을 수식으로 만들면 다음과 같다.

   1+3 = 4, 2+6 = 8, 4×8 = 32

   2+6 = 8, 5+2 = 7

   3+9 = 12, 7+8 = 15, 12×15 = 180
4. 따라서 답은 8×7 = 56이다.

56을 히에로글리프 숫자로 바꾸면 다음과 같다.

073 C

히에로글리프 숫자 가운데 100의 단위가 많이 들어가 있다. 하지만 어려울 건 없다. 문자를 해석하면 다음과 같다.

123	35	8
615	76	13
541		14

각 행렬에는 규칙이 있다.

1. 각 행의 첫째 열은 3자리 숫자이다.
2. 둘째 열은 첫째 열의 각 자리의 숫자를 두 개씩 합한 수이다.

   1+2=3, 2+3=5 ⇨ 35

   6+1=7, 1+5=6 ⇨ 76

   5+4=9, 4+1=5 ⇨ 95
3. 셋째 열은 둘째 열에 있는 각 자리의 숫자를 합한 수이다.

따라서 답은 95이다.

074 B

히에로글리프 문자는 몇 가지 다른 해석이 있는데 여기서는 다음 문자표를 대입하여 해석하면 도움이 된다.

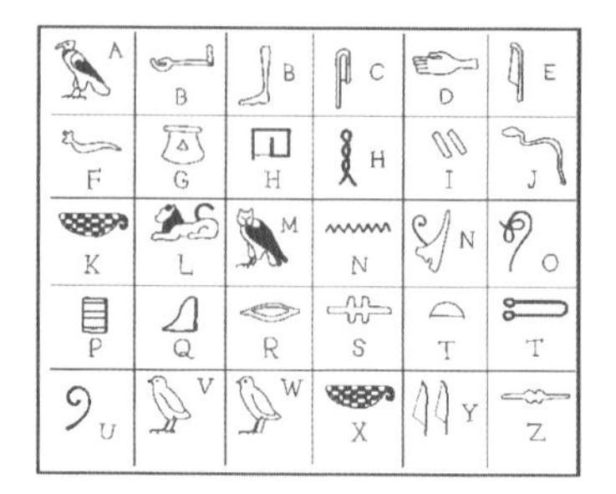

이 문자표를 대입하여 풀이하면 다음과 같이 읽을 수 있다.

규칙은 다음과 같다.

1. 검은 그림자 한 개는 오른쪽으로 이동하며 내려가고 또 하나는 왼쪽으로 이동하며 올라간다. 이때 그림자

뒤에 있는 문자는 가려져 보이지 않게 된다.

2. 나머지 모든 문자는 오른쪽으로 이동하며 내려가고 그림자와 겹치면 보이지 않는다.
3. 마지막까지 내려간 문자는 다시 맨 처음으로 올라온다.
4. 굳이 알파벳으로 바꾸지 않더라도 관찰력이 있다면 이와 같은 규칙을 찾아낼 수 있을 것이다. 단지 새로운 그림이므로 인지력이 낮아지기 때문에 해석해서 보면 문자의 이동을 쉽게 인지할 수 있게 된다.

참고로 문자를 해석하면 KLIOPDRAT가 되며, 이는 '클레오파트라'를 의미한다.(요즘은 kleopatra라고 하지만 당시 유적에는 이렇게 써 있었다고 한다.) 여기서 'K'는 계속 그림자에 가려져 보이지 않는다.

075

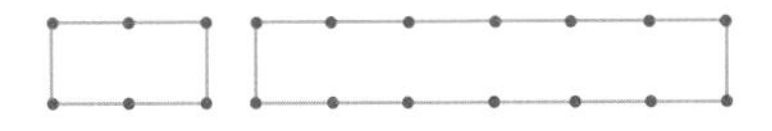

076 20

1. 맨 위쪽 주사위와 가운데 주사위에서 2와 5는 서로 반대편에 위치한다는 것을 알 수 있다. 때문에 1의 반대쪽 면은 6이 된다.
2. 위의 결론으로 가운데 주사위의 밑면과 윗면 둘 중 하나는 1이며, 나머지 하나는 6이 되고, 맨 아래쪽 주사위의 밑면과 윗면의 둘 중 하나는 2이며, 나머지 하나는 5가 된다는 것을 알 수 있다.
3. 그러므로 정답은 6+1+6+2+5 =20이다.

077

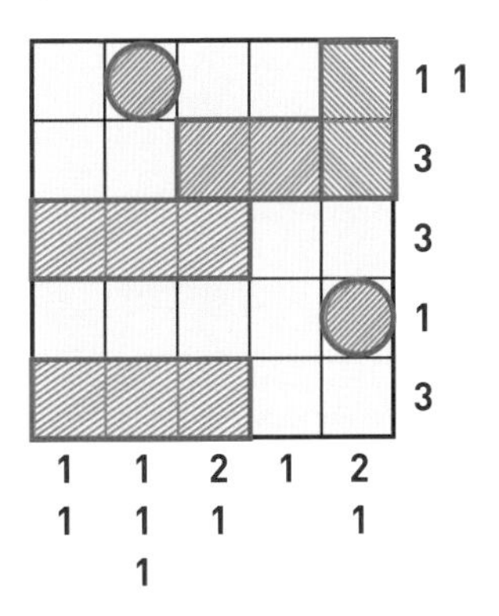

078 A

079 Q

전체 알파벳들 중 곡선이 들어간 것만 순서대로 배열되어 있다.

A **B C D** E F **G** H I **J** K L M N **O P**
Q R S T **U** V W X Y Z

080 m

오른쪽 별의 korea와 같은 순서로 왼쪽 별에서 ?ensa라는 단어를 만들 수 있다. 빠진 글자를 채워넣으면 mensa korea가 된다.

081

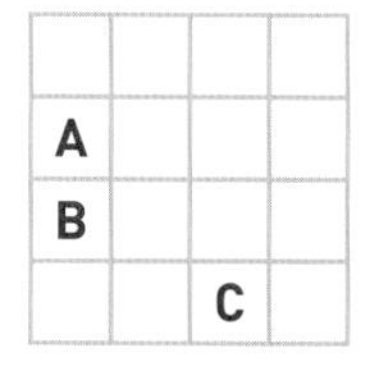

1. 먼저 C는 A를 기준으로 한 번은 A의 왼쪽 방향으로, 다음 번은 오른쪽 방향으로 원래 A와 C의 거리만큼 대칭으로 이동하고 있다.
2. 다음으로 A는 1칸, 2칸, 3칸, 4칸순으로 이동거리가 1칸씩 늘어나며 오른쪽으로 움직이고 있다.
3. 마지막으로 B는 항상 A의 4칸 뒤에 위치하고 있다.

082 D

1. 흰색 동그라미는 처음 위치에서 가장 가까운 벽 쪽 방향으로 1칸씩 움직이고 있으며, 벽이 있을 경우에는 벽을 통과한다.
2. 검은색 동그라미는 처음 위치에서 가장 멀리 있는 벽 쪽 방향으로 2칸씩 움직이고 있으며, 벽이 있을 경우에는 벽을 통과한다.

083 A

첫 번째와 세 번째 단어를 숫자로 바꿔서 곱하면 두 번째 칸에 들어가는 수가 된다.

084 C

각각의 가로줄에서 첫 번째 칸의 동그라미 개수와 두 번째 칸의 동그라미 개수를 더하면 세 번째 칸의 동그라미 개수가 된다.

085 GHDCBGC

차를 움직인 순서는 다음과 같다.

G, 위쪽으로 1칸 ⇨ H, 왼쪽으로 1칸 ⇨ D, 아래쪽으로 3칸 ⇨ C, 아래쪽으로 1칸 ⇨ B, 왼쪽으로 3칸 ⇨ G, 위쪽으로 1칸 ⇨ C, 위쪽으로 1칸

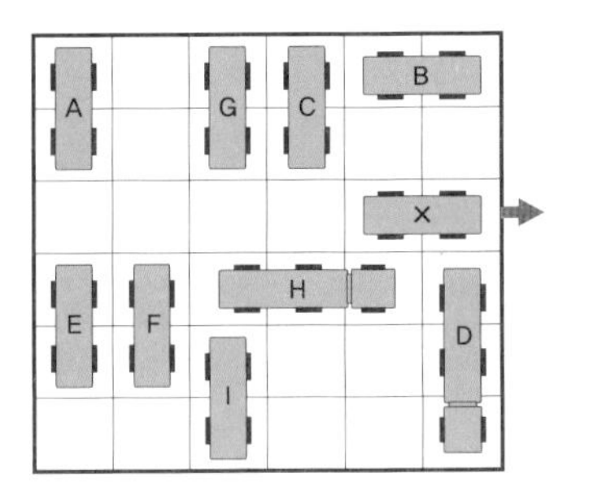

086 A

그림의 도형은 면의 수가 1개씩 늘어나고 있다.

087 158

A=18, B=6, C=3600, D=7

(C÷A)−(B×D)

$=(3600\div18)-(6\times7)$

$=200-42=158$

088

문제의 도형은 3가지 규칙에 따라 변하고 있다.

1. 가장 아래쪽에 있는 선과 동그라미가 맨 위로 이동한다.
2. 다음으로 이동된 선과 점이 180도 회전한다.
3. 마지막으로 위쪽 끝에서 아래쪽 끝으로 각 동그라미들이 한 칸씩 이동한다.

089 12

그림의 숫자는 다음과 같이 방향을 표현하는 영문 첫 글자의 알파벳 순서를 나타내고 있다.

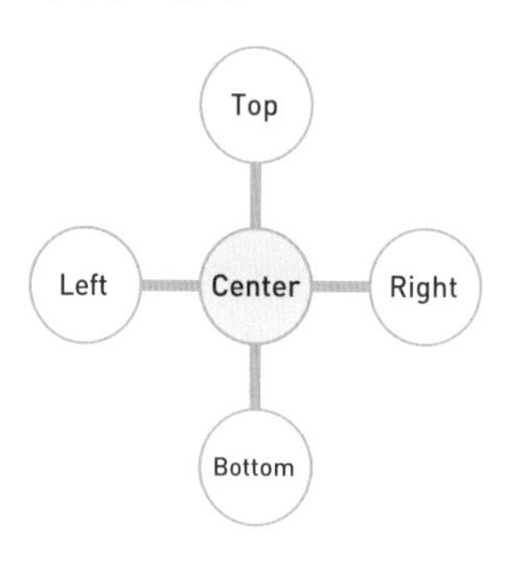

090 seven

가로 방향으로 첫 번째 단어의 철자 개수와 두 번째 단어의 철자 개수를 합한 값이 세 번째 칸에 온다.

nine(4) + one(3) = seven(7)

091 A

각각 세로 방향으로 첫 번째와 두 번째 도형의 겹치는 부분이 맨 아래인 세 번째 칸에 온다.

092 D, F

D

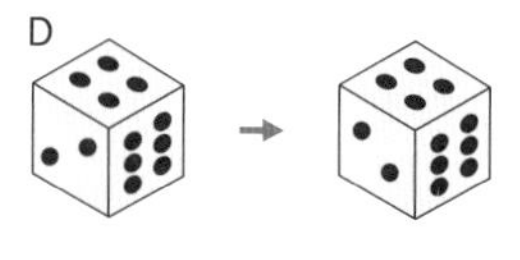

F

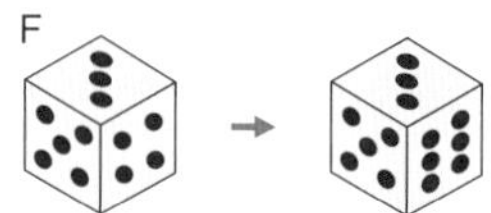

093 철이 : 4마리, 예성 : 3마리, 백이 : 2마리, 현이 : 1마리

1. 철이와 백이의 말을 분석해보면 예성+백이=5, 철이+현이=5가 되어 반드시 둘 모두 거짓말을 하거나 참말을 하는 것이 되어야 함을 알 수 있다.(둘 중 하나만 거짓말을 한 경우 네 명이 잡은 고기의 합이 10마리가 될 수 없으므로.)
2. 둘 다 거짓말을 한 경우와 둘 다 진실을 말한 경우를 나누어서 살펴보기 전에 먼저 예성이의 말이 진실인지 거짓인지를 확인해보자. 예성이의 말이 거짓인 경우에는 모순이 생기는 것을 확인할 수 있으므로, 예성이가 잡은 물고기는 3마리가 맞다.

3. 철이와 백이의 말이 모두 거짓인 경우, 둘 모두 잡은 고기가 1마리여야 한다.(2마리인 경우 철이의 말이 참이 된다.) 하지만 이때는 현이의 말이 거짓말이 되어 모순이 발생한다.
4. 철이와 백이의 말이 모두 참인 경우 철이의 말에서 백이는 2마리를 잡은 것이 되며, 백이가 가장 적은 수를 잡은 것이 아니기 때문에 현이가 잡은 고기는 1마리가 된다. 거짓말을 한 것은 1마리를 잡은 현이다. 마지막으로 백이의 말에서 철이가 잡은 고기가 4마리가 됨을 알 수 있다.

094 D

도형들은 3가지 규칙에 따라 변화한다.

1. 각 가로줄의 두 번째 칸에 오는 도형은 첫 번째 칸에 있는 도형에서 중간에 있는 왼쪽 막대가 시계 반대 방향으로 90도 회전한다.
2. 각 가로줄의 세 번째 칸에 오는 도형은 두 번째 칸에 있는 도형에서 중간에 있는 오른쪽 막대가 시계 방향으로 90도 회전한다.
3. 선이 겹칠 경우에는 하나의 선처럼 표시된다.

095 4

먼저 7 주변을 보자. 더해서 7이 되기 위해 3개의 동그라미에 들어갈 수 있는 숫자는 1, 2, 4밖에 없다. 다음으로 16 주변을 보자. 더해서 16이 될 수 있는 조합은 7, 5, 4와 7, 6, 3 두 가지가 있지만 3은 가장 아래쪽 동그라미에 사용되었기 때문에 7, 5, 4 조합밖에 나올 수 없다. 그렇다면 7 주변과 16 주변 모두에 4가 들어가야 하기 때문에 물음표에 들어갈 숫자는 4가 된다.

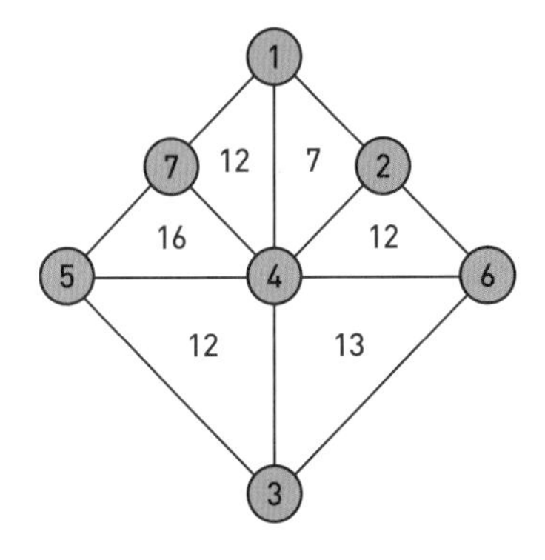

096 현이 : 40점, 예성 : 90점, 민호 : 60점

먼저 최대한 경우의 수를 줄일 수 있는 가정을 찾아보자. 이 문제에서는 예성이의 가장 마지막 말의 거짓 여부를 먼저 확인하는 것이 경우의 수를 줄일 수 있는 좋은 방법이 된다. 만약 예성이의 세 번째 말(현이와 민호의 점수가 같다.)이 진실이라면, 현이와 민호의 말에서 모순이 생기기 때문에 예성이의 마지막 말은 거짓이 되며, 나머지 말이 진실이 되어 민호는 예성이보다 30점이 적다는 것을 알 수 있다. 이 점수를 대입해서 다른 아이들의 말에서 모순을 가려내면 정답을 찾을 수 있다.

097 18개

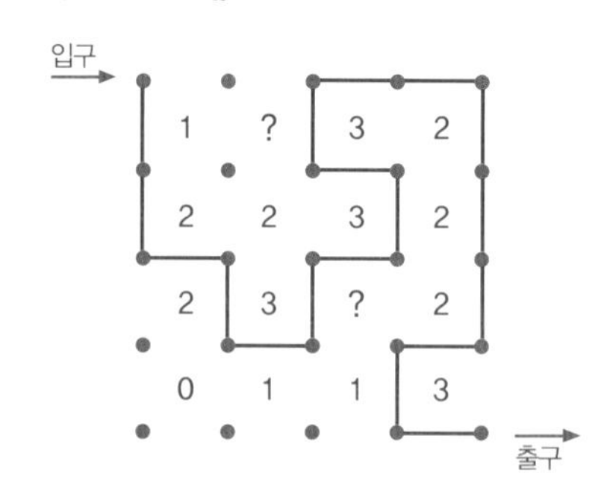

098

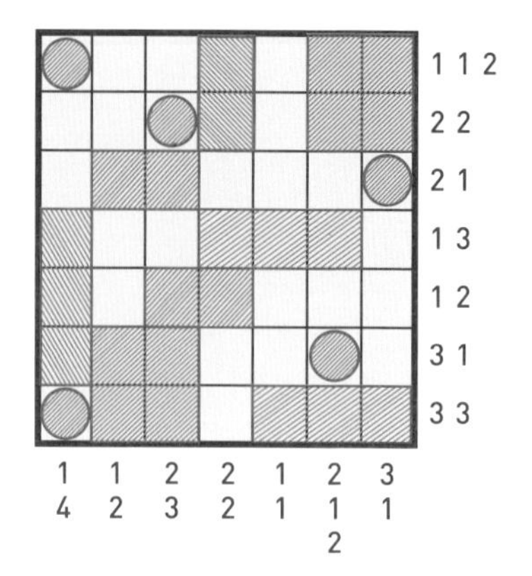

099 C

C를 제외한 나머지 도형들은 한 가지 도형을 회전시킨 것들이다. 따라서 C의 도형은 다음과 같이 바뀌어야 한다.

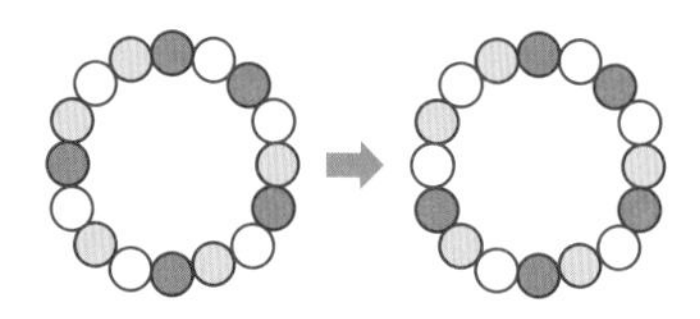

100 30개

모든 과일의 개수를 X라고 하면 $(X\div 2)+(X\div 5)+(X\div 6)+4=X$라는 방정식을 만들 수 있다.

여기에 최소공배수 30을 곱하면 (15

$\times X)+(6\times X)+(5\times X)+120=30\times X$

$4\times X=120$

$X=30$

모든 과일 수는 30개가 된다.

101

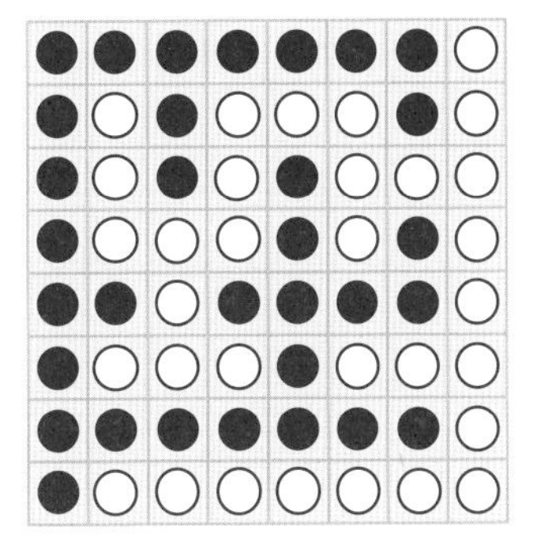

102

		1	1	2	
2	2	2	2		2
	1			2	
1	2	1	2		1
	2	2			2

103

					3		2
3		3				2	
2				2			
	3	2	1	3		1	
	1		3	1	2	3	
			3				3
	3		2			2	3
	3						

104

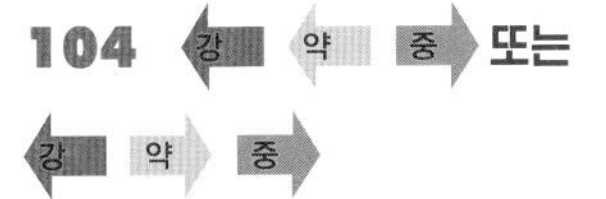

순서는 상관없다. 각 버튼에서 몇 바퀴를 돌든 결국 '강'은 4분의 3만큼 더 이동하고, '중'은 3분의 2만큼 더 이동하며, '약'은 2분의 1만큼 더 이동한다는 의미로 생각하면 된다.

회전판은 총 12개의 칸으로 이루어져 있다. 따라서 '강'은 $12\times3\div4=9$칸 만큼 더 이동하고, '중'은 $12\times2\div3=8$칸 더 이동하며, '약'은 $12\times1\div2=6$칸 더 이동한다.

12가 있는 부분은 다섯 번째 칸에 해당한다. 오른쪽 방향은 +, 왼쪽 방향은

–로 표시하여 조합을 찾아보자. 왼쪽으로 도는 경우인 –7은 오른쪽으로 돌았을 때의 +5와 같기 때문에 강중약의 플러스, 마이너스 조합을 통해 +5나 –7이 되도록 만들면 된다. 식을 세우면 다음과 같다.

–9–6+8=–7 이므로

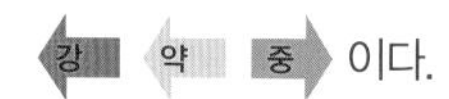

이다.

–9+6+8=+5 이므로

이다.

105

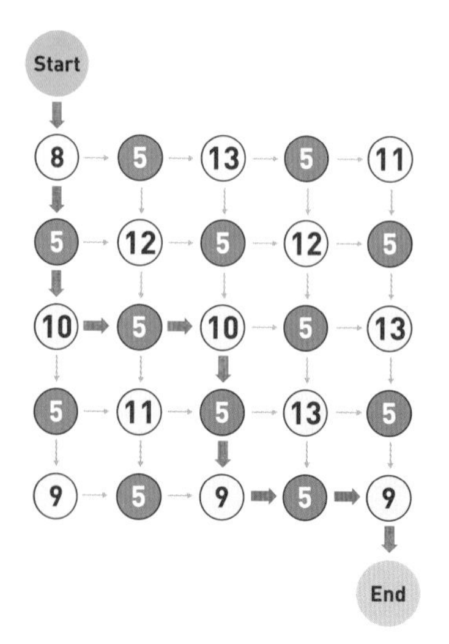

106 3번

1. 오른쪽 옆면 큐브를 시계 방향으로 돌린다.
2. 뒷면 큐브를 시계 방향으로 돌린다.
3. 왼쪽 옆면 큐브를 시계 반대 방향으로 돌린다.

107 3

경우의 수를 줄이기 위해 가장 큰 수인 18과 가장 작은 수인 8을 기준으로 답을 찾아보자.

8이 될 수 있는 조합 : 1, 2, 5 또는 1, 3, 4

18이 될 수 있는 조합 : 3, 7, 8 또는 4, 6, 8 또는 5, 6, 7

이 중에서 공통으로 사용되는 숫자는 3, 4이며, 이 두 수 중 물음표 자리에 올 수 있는 수를 찾으면 된다.

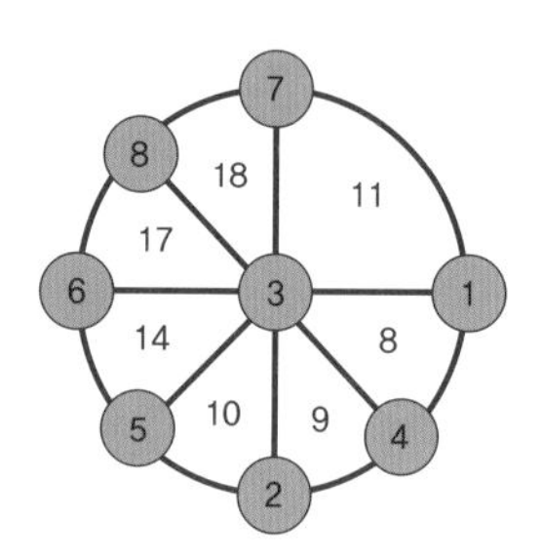

108 2

각각의 원에 연결되어 있는 선의 개수가 원 속에 들어 있는 수이다.

109 D

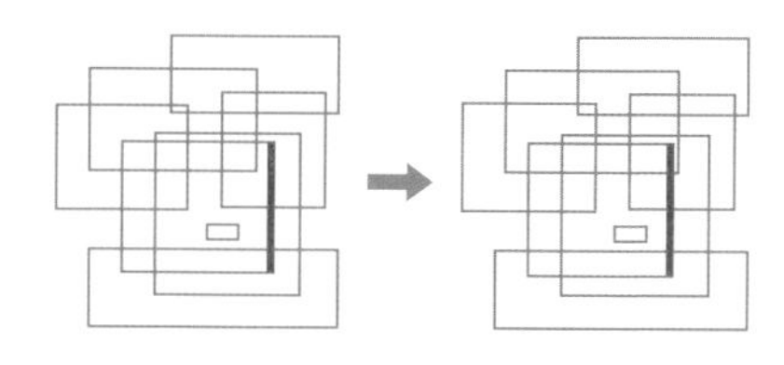

110 B, E

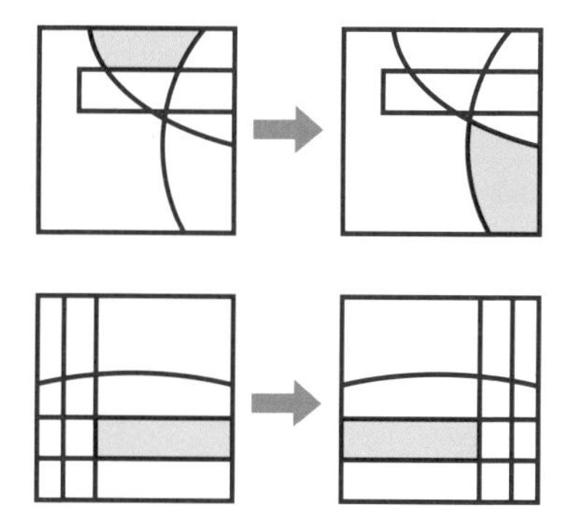

111 D

1. 레이저의 입사각과 반사각이 같으므로 레이저 경로의 연장선에 대한 대칭점이 반사되는 지점을 찾는다.
2. 이때 생기는 삼각형들은 합동이며, 각 삼각형의 반대편 아래에 닮은꼴에 비례하는 삼각형이 만들어진다.
3. 작은 삼각형의 밑변의 길이는 2미터, 큰 삼각형 밑변의 길이는 4미터로, 정확히 2배가 되는 삼각형이 만들어진다.
4. 따라서 레이저의 최종 지점은 D 꼭짓점이다.

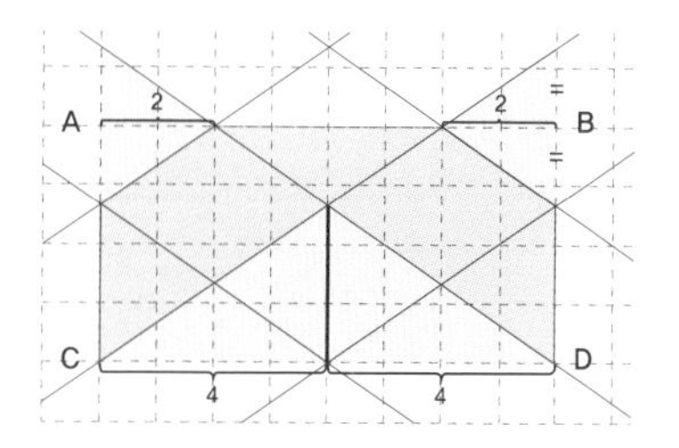

112

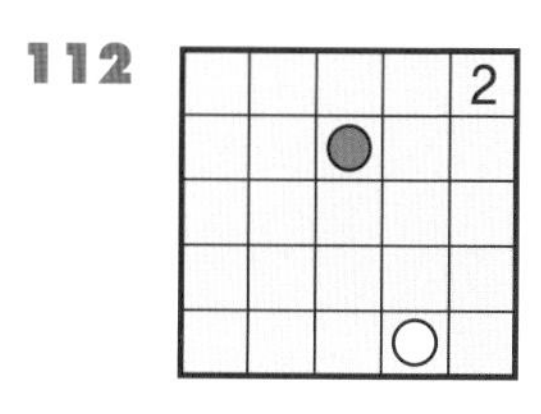

●는 1칸, 2칸, 4칸, 8칸으로 2배씩 증가하며 오른쪽으로 이동하고 있다. ○는 1칸, 2칸, 4칸, 8칸 순으로 2배씩 증가하며 한 번은 오른쪽, 다음은 왼쪽으

로 번갈아 이동하고 있다. 숫자 2는 ○와 ● 사이의 빈칸 수를 2로 나눈 숫자만큼 왼쪽으로 이동하고 있다.

113

			3		
4					
2					7
		2			
6	8				
				2	

114

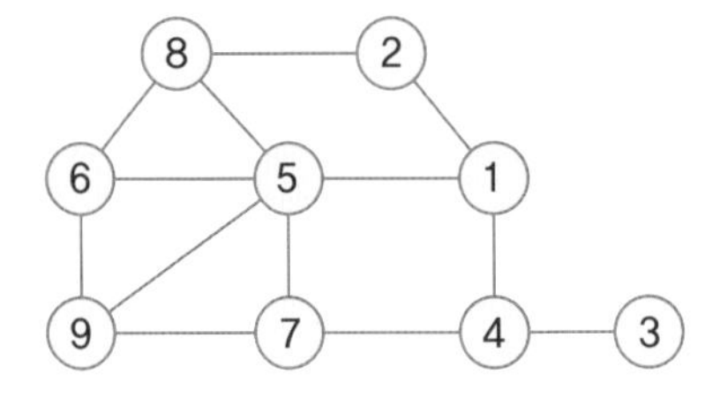

① 2+4+5=11

② 1+8=9

③ 4(이어진 선이 하나뿐이다)

④ 1+3+7=11

⑤ 1+6+7+8+9=31

⑥ 5+8+9=22

⑦ 4+5+9=18

⑧ 2+5+6=13

⑨ 5+6+7=18

115 6가지

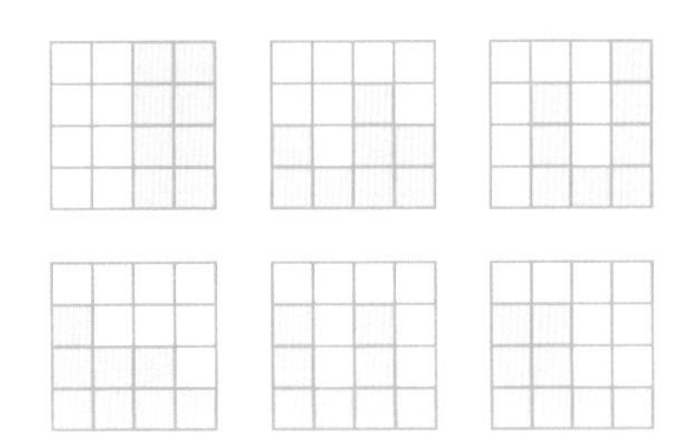

116

$$\begin{array}{r} 212 \\ +\ 231 \\ \hline 443 \end{array}$$

이와 같은 유형은 전제를 잘 파악하여 반드시 성립할 수밖에 없는 조건과 숫자를 찾아내는 것이 중요하다. 그다음 처음 발견한 숫자를 이용해 조건들을 순차적으로 찾아 나가는 방식으로 풀어야 한다.

1. 문제의 조건에 의하면 모든 수는 5보다 작기 때문에 서로 다른 두 수를 더해서는 10 이상이 될 수 없다. 그러므로 다음과 같은 식을 만들 수 있

다. $2\times C=A=B+E$, $C+B=E$

2. $2\times C=A$가 되기 위해서 A는 2 또는 4여야 하며, 이 식을 만족하는 동시에 $B+E=A$를 만족하는 A는 4뿐이다.(A = 2가 되면 조건을 만족하는 B, E값이 없으므로.) 따라서 $A=4$, $C=2$
3. 나머지 B와 E는 $B+E=4$, $2+B=E$를 연립방정식으로 풀면 $E=3$, $B=1$이 됨을 알 수 있다.

117 A : 경찰, B : 영국인 경찰

A와 같은 말을 할 수 있는 사람은 독일인 경찰, 영국인 경찰, 미국인 경찰뿐이다. 따라서 정답은 경찰이다.

B의 말이 진실인 경우 미국인 스파이는 혼자 있을 때 거짓을 말하므로 모순된다. B의 말이 거짓인 경우, 거짓을 말할 수 있는 경찰은 영국인뿐이다.

118 A : 미국인 경찰, B : 영국인 경찰

먼저 A, B가 모두 진실이거나 거짓인 경우에는 A의 세 번째 문장과 B의 첫 번째 문장 때문에 모순이 발생한다. 둘 중 한 명만 진실인 경우에 대한 표를 만들어보면 다음과 같다.

	A	B
진실 여부	진실	거짓
직업	경찰	경찰
국적	미국	영국

A : 미국인 경찰, B : 영국인 경찰

	A	B
진실 여부	거짓	진실
직업	스파이	스파이
국적	미국×	영국×

A : 독일인 스파이, B : 만족하는 대상 없음

119 A : 독일인 스파이, B : 미국인 스파이, C : 미국인 경찰

먼저 B가 거짓인 경우 영국인 경찰은 항상 거짓말을 한다는 조건 때문에 모순이 생긴다. B가 거짓을 말하려면 B의 조건에 맞는 것은 영국인 경찰뿐이다. B의 두 번째 문장 때문에 A는 독일인이 될 수 없으므로, A는 반드시 영국인이나 미국인이 되어야 한다. 이때 A의 첫 번째 문장과 B의 첫 번째 문장에 모순이 없으려면 A는 진실만 말해야 한다. A가 진실이라면 두 번째 문장 때문에 A는 영국인이 되어야 하며, 진실을 말하는 영국인은 스파이뿐이다. A가 영국인 스파이라면 C는 반드시 거짓을 말해야 한다. 그러나 C의 첫 번째 문장으로 인해 C가 거짓을 말하면 모순이 생긴다. 이를 표로 만들면 다음과 같다.

	A	B	C
진실 여부	진실	거짓	거짓(모순)
직업	스파이	경찰, 스파이(모순)	
국적	독일×, 영국	미국×, 영국	

B가 진실이고 A도 진실인 경우에는 A가 독일인, 영국인이 모두 되어 모순된다.

B가 진실이고 A가 거짓이며 C가 진실인 경우, B는 스파이와 경찰이 모두 되어야 하기 때문에 모순된다.

B가 진실이고 A가 거짓이며 C도 거짓인 경우, 다음과 같은 조건을 만족하게 된다.

	A	B	C
진실 여부	거짓	진실	거짓
직업	스파이	스파이	경찰
국적	독일	미국	미국

모순이 되는 경우는 다음과 같다.

	A	B	C
진실 여부	진실	거짓	
직업		경찰	스파이
국적	독일×, 영국	미국×	

C가 A, B 모두 경찰이라고 했기 때문에, C의 진실 여부와 상관없이 하나는 진실, 하나는 거짓이 되어 모순이 생긴다.

	A	B	C
진실 여부	거짓	거짓	
직업		스파이	경찰, 스파이(모순)
국적	독일×, 영국×	미국×	

	A	B	C
진실 여부	진실	진실	
직업		경찰	경찰, 스파이(모순)
국적	독일, 영국	미국	

	A	B	C
진실 여부	거짓	진실	진실
직업	경찰	경찰, 스파이(모순)	경찰
국적	독일, 영국×	미국	영국

120 상자개봉. 해독완료. 총셋. 날데려감. 위치추적바람. 전화 01071793458로 암호문자보내라

스마트폰 문자라는 점에 암호해독의 핵심이 있다. 스마트폰 한글 문자 입력 방식에는 여러 가지가 있지만 여기서는 천지인 방식으로 했다. 천지인 입력 방식에 따라 번호를 누르면 정답 문장이 드러난다.

121 1426779

돼지우리 사이퍼를 알파벳으로 바꾸면 다음과 같다.

YLIMAF REVEROF EVOL I

TUOHTIW NOITPECXE YM

알파벳의 순서를 반대로 바꾸면 다음과 같이 의미를 가진 단어가 된다.

FAMILY FOREVER LOVE I

WITHOUT EXCEPTION MY

이 문장을 어순에 맞게 재배치하자.

I LOVE MY FAMILY FOREVER

WITHOUT EXCEPTION

(나는 우리 가족 모두를 사랑한다.)

각 단어의 알파벳 개수가 비밀번호가 된다.

I(1) **LOVE**(4) **MY**(2) **FAMILY**(6)

FOREVER(7) **WITHOUT**(7)

EXCEPTION(9)

122 40개

20개가 남았을 때까지 현수가 먹은 포도알 개수를 Y, 선희가 먹은 포도알 개수를 X라고 해보자. 이때 $3X=Y$가 되며, 마지막 20개를 다 먹었을 때를 기준으로 식을 만들면 $2(X+10)=Y+10$이 된다. 이 방정식을 풀면 $X=10$, $Y=30$이 되어 조건을 만족하며, 현수가 먹은 포도알은 총 40개가 된다.

123 6

왼쪽 주사위 숫자와 가운데 주사위 숫자를 더해 오른쪽 주사위 숫자로 나누면 식이 성립한다.

$(6+2)\div 4=2$

$(3+3)\div 3=2$

$(4+6)\div 2=5$

$(1+5)\div 1=6$

124 5

원 속 숫자들은 모양으로 3개의 숫자를 더하면 10이 된다.

첫 번째 원 : $3+2+5=10$, $2+4+4$

=10

두 번째 원 : 3+3+4=10

세 번째 원 : 5+2+3=10, 1+2+7=10

그러므로 4+1+?=10이다.

?=5

125 50살

먼저 곱해서 2450이 될 수 있는 수를 인수분해를 통해 찾아보면, 2, 5, 5, 7, 7로 구성된 수라는 것을 알 수 있다. 이 수들로 만들어지는 숫자 3개의 곱셈 조합은 다음과 같다.

2×25×49=2450

2×35×35=2450

5×10×49=2450

5×14×35=2450

7×7×50=2450

7×10×35=2450

7×14×25=2450

각 조합에 해당하는 수를 더해보면 다음과 같다.

2+25+49=76

2+35+35=72

5+10+49=64

5+14+35=54

7+7+50=64

7+10+35=52

7+14+25=46

그런데 수학 선생님의 나이를 알고 있는 아이들이 답을 알 수 없으려면, 나이를 더한 값에 해당하는 결과가 2개 이상 있어야 한다. 때문에 수학 선생님의 나이는 32살이 되어야 하고, 이를 2배한 값은 64가 된다. 그러므로 정답은 다음 두 식 중 하나가 된다.

5+10+49=64

7+7+50=64

마지막으로 '아내의 나이는 나보다 어리다'고 했으므로 선생님의 아내의 나이는 49살이 되고, 선생님의 나이는 50살, 아이들은 5살, 10살이 된다.

126

4	3	2	1
2	1	3	4
1	2	4	3
3	4	1	2

127 **3**

백의 자리와 일의 자리로 두 자릿수 수를 만든 뒤, 이 수를 가운데 숫자로 나누면 7이 된다.

$14 \div 2 = 7$

$49 \div 7 = 7$

$42 \div 6 = 7$

$56 \div 8 = 7$

$28 \div 4 = 7$

$21 \div ? = 7$

$35 \div 5 = 7$

$? = 3$

128

		7				2
2						
				4		6
		9			9	
2	2					1

129 **A, C**

'지금은 아침'이라는 말은 남자아이만 할 수 있으며, '지금은 저녁'이라는 말은 여자아이만 할 수 있다. 여자아이는 아침에 '지금은 저녁'이라고 말해야 하며, 저녁에도 '지금은 저녁'이라고 말해야 하기 때문이다. 그러므로 A는 남자아이이며, 같은 방법으로 B는 여자아이라는 것을 알 수 있다.

이번에는 가정법을 통해서 나머지 답을 찾아보자. 먼저 C가 참말을 했다면 시간은 아침이 되며, C는 남자아이가 된다. 그리고 D도 참말을 했기 때문에 남자아이가 된다. 하지만 여자아이 2명, 남자아이 2명이라는 전제에서 모순이 되므로 정답이 될 수 없다. 반대로 C가 거짓말을 했다면 시간은 저녁이 되며, C는 남자아이가 된다. 그리고 D는 저녁에 참말을 했기 때문에 여자아이가 된다. 따라서 A와 C가 남자아이이다.

130 시간 : 저녁, 어른 : D

먼저 A가 진실이라면 B, C, D 모두 거짓말을 해야 하지만, 이 경우 D의 말이 진실이 되어야 하므로 모순된다. 즉 A는 어른이 아니며 거짓말을 한 것이다.

다음으로 B가 거짓말을 한 경우 A는 여자아이가 되며, 시간은 아침이 된다. 이때 B는 어른이거나 여자아이여야 하는데, C의 말이 진실이라면 B는 여자아이, C는 남자아이, D는 어른이 되어야 하므로 모순된다. 반대로 C의 말이 거짓이라면 B는 어른, C는 여자아이, D는 진실을 말해야 하는데, 이때도 C와 D의 말은 서로 모순된다.

따라서 B는 진실, A는 남자아이, B는 여자아이(B가 어른일 경우 모순이 생긴다), 시간은 저녁이 된다.

마지막으로 B는 여자아이이므로 C는 진실을 이야기한 여자아이가 되며 마지막 남은 D가 거짓말을 한 어른이 된다.

131

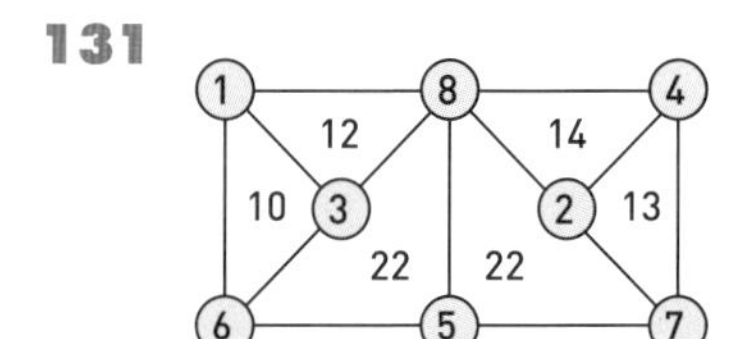

132 7

9	14	5	9	4
12		12		5
3	10	7	8	1
5		13		9
2	8	6	14	8

133 1개

열려 있는 것은 희진이의 방뿐이다. 다섯 번째 조건 때문에 안방은 닫혀 있다. 세 번째 조건의 경우 대우명제(희수의 방이 닫혀 있으면 안방도 닫혀 있다.)는 명제와 동일하므로 첫 번째 조건을 만족한다. 두 번째 조건의 대우명(희진이의 방이 열려 있으면 할머니의 방은 닫혀 있다.) 또한 동일하므로 할머니의 방도 닫혀 있다. 네 번째 조건에서 할머니 방이 닫혀 있으므로 서재도 닫혀 있다. 마지막 조건 또한 모순되지 않는다.

	조건 1이 ○×인 경우	조건 1이 ×○인 경우
안방	×	○ (조건 5 위배)
할머니 방	×	×
희진이 방	○	×
희수 방	×	○
서재	×	×

134 A

카드의 단어들은 같은 알파벳으로 구성되는 단어를 한 쌍씩 가지고 있다.

TENDER – RENTED

DIRECT – CREDIT

DANCY – CANDY

135 154살

환갑은 한국 나이로 61살이다. 돼지띠인 아빠는 27살, 39살, 51살 가운데 하나이다. 재민이는 토끼띠이므로 11살, 23살 가운데 하나이다. 23살은 엄마 나이에 비해 너무 많으므로 11살로 봐야 한다.

아빠보다 4살 어린 엄마는 토끼띠 23살, 35살, 47살 가운데 하나이다. 엄마가 28살에 재민이의 동생 소민이를 낳았으므로 35살이다. 따라서 엄마는 현재 35살, 아빠는 39살, 재민이는 11살, 할머니는 61살이다. 소민이는 35–28 – 7이지민 한국 나이로 1살을 더해야 하므로 8살이다.

재민: 2011년 신묘년생 토끼띠 11세

소민: 2014년 갑오년생 말띠 8세

아빠: 1983년 계해년생 돼지띠 39세

엄마: 1987년 정묘년생 토끼띠 35세

할머니: 1961년 신축년생 소띠 61세

$11+8+39+35+61=154$

136 A=4, B=1

굵은 선 아래쪽에 있는 4개의 숫자들은 위쪽에 있는 숫자를 왼쪽에서 오른쪽으로 순차적으로 더해서 2로 나눈 수가 대각선 방향에 온다. 먼저 왼쪽 원을 계산해보자.

$6 \div 2 = 3$

$(6+4) \div 2 = 5$

$(6+4+8)\div2=9$

$(6+4+8+2)\div2=10$

오른쪽 원은 다음과 같다.

$2\div2=1$, $B=1$

$(2+8)\div2=5$

$(2+8+A)\div2=7$

$(2+8+A+2)\div2=8$

$A=4$

137 cairo

원 박사가 쓴 암호는 히에로글리프 상형문자이다. 아마도 제이만이 알 수 있을 거라 생각했을 것이다. 첫 기호가 네모이므로 다음 문자표를 대입하면 된다.

A	B	C	D E	F
G	H	I	J	K
L	M	N	O	P
Q	R	S	T	U
V	W	X	Y	Z

상형문자를 해독하면 'pnveb'가 되며 두 번째 줄에 있는 기호는 숫자로 '13'을 뜻한다. pnveb만으로는 무슨 뜻인지 알 수 없으므로 숫자 13과 관련된 힌트가 무엇인지 함께 파악해야 한다. 제이는 각 철자 순서에서 열세 번째 이후에 나오는 알파벳을 뜻한다는 것을 알아차렸다.

A	B	C	D	E	F
1	2	3	4	5	6
G	H	I	J	K	L
7	8	9	10	11	12
M	N	O	P	Q	R
13	14	15	16	17	18
S	T	U	V	W	X
19	20	21	22	23	24
Y	Z				
25	26				

그렇다면 'p' 다음 열세 번째 글자는 'c'이다. 이런 식으로 다시 해독하면 'cairo', 즉 이집트 수도라는 것을 알 수 있다. 원 박사는 카이로로 끌려간 것으로 보인다.

138

5	2	4	3	1
4	3	1	5	2
1	5	2	4	3
2	4	3	1	5
3	1	5	2	4

139

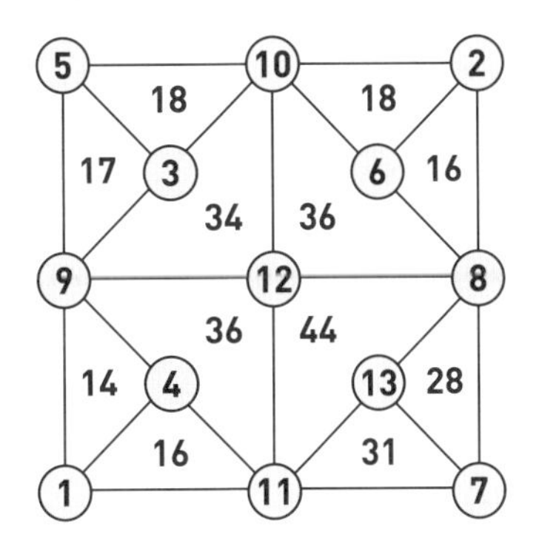

140 ENT

각 카드의 알파벳들은 A~Z의 순서를 표와 같이 한 칸씩 뒤로 밀었을 때 1-2-3-4(one-two-three-four)에 해당하는 단어의 첫 세 글자로 배열되어 있다.

A	B	C	D	E	F
Z	A	B	C	D	E

G	H	I	J	K	L
F	G	H	I	J	K

M	N	O	P	Q	R
L	M	N	O	P	Q

S	T	U	V	W	X
R	S	T	U	V	W

Y	Z
X	Y

141 4개

민수가 진경이의 3배에서 1개 더 적게 만들었기 때문에 진경이가 만든 송편 수는 3개 이상이 될 수 없다.(만약 진경이가 만든 송편 수가 3개 이상이라면 여진이가 가장 많은 송편을 만들었다는 조건에 모순된다.) 또한 진경이가 만든 송편 수는 1개도 될 수 없다.(만약 1개라면 민수는 두 번째가 될 수 없다.) 즉 진경이가 만든 송편 수는 2개이며, 민수는 5개가 된다. 마지막으로 남은 12개의 송편을 조건에 따라 나누면 여진이는 8개, 태경이는 4개를 만든 셈이 된다.

142 A

먼저 C 앞의 표지판, D 앞의 표지판은 둘 중 하나라도 진실이 되면 둘 다 진실이 되어야 하므로 조건에 모순된다. 따라서 둘 다 거짓이다. C 앞의 표지판에 적혀 있는 글 때문에 B도 거짓이 되며, 정답은 A가 된다.

143 7

-1	-3	5	4	-5
4	0	-6	-1	3
-6	2	-8	3	9
1	3	4	-7	-1
2	-2	5	1	-6

144 9

비율을 따져보자.

진경이 : 여진이 : 예경=4 : 2 : 1

희연 : 다정=2 : 1

1~10의 숫자 2개를 조합해 4 : 2 : 1이 나올 수 있는 조합은 다음 두 가지다.

12 : 6 : 3

16 : 8 : 4

첫 번째 조합은 문제에 제시된 숫자로 만들 수 없다. 따라서 진경이, 여진이, 예경이가 가진 숫자의 합은 16(9, 7), 8(2, 6), 4(3, 1)가 된다. 나머지 숫자를 조합해서 2 : 1이 될 수 있는 수는 18(10, 8), 9(5, 4)밖에 없다. 따라서 다정이가 가진 숫자의 합은 9가 된다.

145

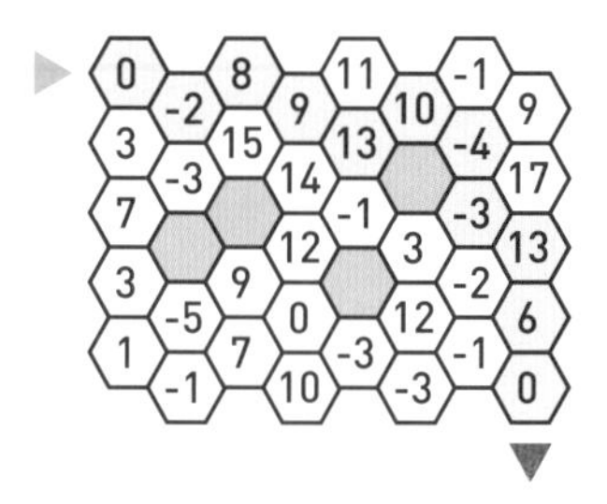

146 E

나머지 알파벳들은 모두 좌우가 대칭을 이룬다.

147 9717

카드를 180도로 회전하여 계산하면 된다.

1091+1866=2957

8916+801=9717

148 딸기, STRAWBERRY

각 줄마다 지나치게 많이 들어 있는 D와 마지막 줄의 D에서 실마리를 잡아야 한다. 첫째 줄에 E, 둘째 줄에 R, 셋째 줄에 A, 넷째 줄에 S, 다섯째 줄에 E가 숨어 있다. 이 단어들을 모두 합하면

ERASE D, 즉 'D를 삭제하라'라는 뜻이 된다. 모든 줄에서 'ERASE'와 'D'를 빼면 STRAWBERRY만 남는다.

149 5번

1번 램프는 0, 2, 3, 5, (6), 7, 8, 9에 불이 들어온다.(6에 불이 들어오는 시계도 있고, 들어오지 않는 시계도 있지만 이미 7개의 숫자가 틀리게 나오므로 풀이에 영향을 미치지 않는다.) 2번 램프는 4, 5, 6, (7), 8, 9에 불이 들어온다. 이렇게 따져보면 5번 램프가 들어오지 않는 경우 0, 2, 6, 8, 총 4개의 숫자가 잘못 표시된다는 것을 알 수 있다.

150 A ⇨ D ⇨ E ⇨ D ⇨ A ⇨ D ⇨ E ⇨ D ⇨ E

151

원 속 숫자는 순서를 나타낸다.

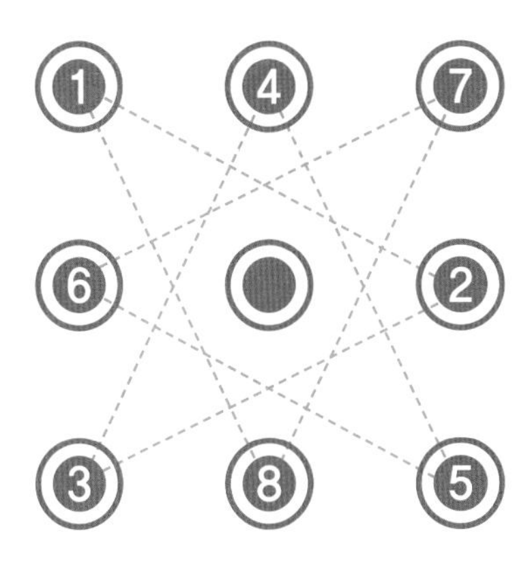

1. 상하좌우 방향으로는 점을 이을 수 없기 때문에 근접한 대각선 점을 잇다보면 8개의 점을 사용할 수 없어 막히게 된다.
2. 따라서 근접하지 않은 직사각형의 대각선 방향으로 선을 이을 수밖에 없다.
3. 대각선 방향으로 동일한 선을 잇다 보면 팔각형 별 형태가 된다. 정중앙 점은 사용되지 않는다.

152 3,200개

고대 철학자 탈레스는 막대기 하나로 거대한 피라미드의 높이를 맞혔다. 이 문제는 같은 원리로 비례의 원칙을 이용하여 풀 수 있다.

$30 : 100 = 75 : X$

X는 건물의 높이에 해당한다.

$X = 100 \times 75 \div 30 = 250$미터

세로 1줄에 쓰인 2.5미터짜리 유리창 개수는 $250 \div 2.5 = 100$개이다.

건물의 가로 길이는 80미터이므로 가로 1줄에 쓰인 유리창은 $80 \div 2.5 = 32$개이다. 따라서 건물 앞면의 유리창 개수는 $32 \times 100 = 3{,}200$개이다.

153 A

주어진 조각으로 정사각형을 만드는 문제는 시행착오를 조금만 거치면 그리 어렵지 않다. 그러나 이번 문제에서는 필요 없는 조각 하나를 찾아내야 한다. 이런 경우 모든 조각을 하나하나 제외해가며 정사각형을 만들어봐야 한다. 결국 가능한 정사각형은 다음과 같은 형태 하나뿐이며, 다른 방식으로는 정사각형을 구성할 수 없다. 따라서 사용되지 않는 조각은 A이다.

154 safir cairo hotel 315호. 침대 밑 열쇠 지도. uvin at mensa korea org. 해독문 보내고 다음 미션 대기하라

이 암호는 돼지우리 사이퍼로 해독 방법은 가이드에 제시되어 있다.(17~20쪽 참고) 영문과 한글이 혼용되어 해독하기가 더 힘들었을 것이다. 머리말에 나오지 않은 기호는 추리를 통해 알아내야 한다. 첫째 줄에 작은 가로줄이 들어간 기호는 돼지우리 사이퍼 순서에 숫자를

대입한 것이다. 둘째 줄, 넷째 줄, 다섯째 줄의 가로줄이 추가된 기호는 모음 'ㅐ'를 의미한다. 'ㅏ' 기호를 변형해 만든 것으로, 가로줄은 'ㅏ'에 'ㅣ'를 더한 것으로 보면 된다.

천재 가능성 진단

나는 혹시 천재가 아닐까?

이 책이 준비한 퍼즐들은 모두 재미있게 푸셨는지요? 퍼즐을 풀면서 페이지 번호 옆에 해결, 미해결 표시는 꼼꼼히 해두었겠지요. 여러분의 퍼즐 풀이 능력으로 천재 가능성을 평가해드립니다.

맞힌 문제 수 1~20개 **쉬운 문제부터 도전해보세요.**

당신은 수학이라면 끔찍이 싫어했고, 시험 때는 객관식 문제는 말할 것도 없고 주관식 문제마저 과감히 찍기를 시도했겠군요. 틀린 문제의 개수가 많다는 사실보다 당신을 더 슬프게 하는 것은 해답을 봐도 전혀 이해가 안 되어 한숨만 나오는 상황입니다. 해결 문제가 1~20개라는 결과는, 수학 실력이 형편없어서가 아니라 아직 문제 해결의 실마리를 못 찾고 있다는 의미입니다. 우선은 조금만 고민하면 의외로 쉽게 풀 수 있는 문제부터 다시 도전해보기 바랍니다.

맞힌 문제 수 21~70개 **커다란 호기심과 끈기로 똘똘 뭉친 사람이군요.**

문제를 풀면서 당신은 손톱을 물어뜯고 있거나, 이마에 땀이 송골송골 맺히거나, 미간에 주름이 생기고, 머리에서 김이 난다는 착각이 들었을 수도 있습니다. 몸에 이런 반응이 나타났는데도 문제를 계속 풀었다면, 당신은 호기심이 많고 대단한 끈기를 가진 사람입니다.

이 책에는 몇 가지 공통된 유형의 문제가 있습니다. 우선 한 유형씩 실마리를 찾아나가기 바랍니다. 실마리만 찾으면 숫자나 조건이 조금씩 바뀐 문제들은 아주 쉽게 풀 수 있습니다.

맞힌 문제 수 71～120개 **당신의 천재성을 더욱 발전시키세요.**

당신은 안 풀리는 한 문제 때문에 한 시간이고 두 시간이고 풀릴 때까지 매달리는 분이군요. 이제 틀린 문제 중심으로 분석해보기 바랍니다. 분명 특정 유형의 문제에 유난히 약한 자신을 발견할 것입니다.

수리력이 뛰어난 당신이라면, 다른 멘사 퍼즐 시리즈에서도 분명 좋은 결과를 얻을 것입니다. 당신이 가진 능력을 100% 끌어올릴 수 있는 방법을 찾아보세요.

맞힌 문제 수 121～154개 **당신이 바로 50명 중 1명, IQ 상위 2%에 속하는 그 분이셨군요.**

지금 당장 멘사코리아 홈페이지(www.mensakorea.org)에서 멘사 테스트를 신청해보세요. 좋은 결과가 기다리고 있을지도 모릅니다. 멘사코리아 회원이 된다면 국내의 네트워크 및 친목 활동, 각종 게임 경시대회, 강의와 세미나까지 만날 수 있습니다. 6쪽에서 멘사 회원의 혜택을 살펴보세요.

멘사코리아
주소: 서울시 서초구 언남9길 7-11, 5층
전화: 02-6341-3177
E-mail: admin@mensakorea.org

멘사코리아 수학 트레이닝
IQ 148을 위한

1판 1쇄 펴낸 날 2021년 11월 5일

지은이 멘사코리아 퍼즐위원회
주 간 안정희
편 집 윤대호, 채선희, 이승미, 윤성하, 이상현
디자인 김수인, 이가영, 김현주
마케팅 함정윤, 김희진

펴낸이 박윤태
펴낸곳 보누스
등 록 2001년 8월 17일 제313-2002-179호
주 소 서울시 마포구 동교로12안길 31 보누스 4층
전 화 02-333-3114
팩 스 02-3143-3254
이메일 bonus@bonusbook.co.kr

ISBN 978-89-6494-522-3 04410

ⓒ 멘사코리아 퍼즐위원회, 2021

• 이 책은 《멘사코리아 수학 퍼즐》의 개정판입니다.
• 이 책은 저작권법에 의해 보호를 받는 저작물이므로 무단전재와 무단복제를 금합니다. 이 책에 수록된 내용의 전부 또는 일부를 재사용하려면 반드시 지은이와 보누스출판사 양측의 서면동의를 받아야 합니다.
• 책값은 뒤표지에 있습니다.

과학 분야
베스트셀러

멘사코리아
감수

내 안에 잠든
천재성을 깨워라!

대한민국 2%를 위한
두뇌유희 퍼즐

IQ 148을 위한 멘사 오리지널 시리즈

멘사 논리 퍼즐
필립 카터 외 지음 | 7,900원

멘사 문제해결력 퍼즐
존 브렘너 지음 | 7,900원

멘사 사고력 퍼즐
켄 러셀 외 지음 | 7,900원

멘사 사고력 퍼즐 프리미어
존 브렘너 외 지음 | 7,900원

멘사 수리력 퍼즐
존 브렘너 지음 | 7,900원

멘사 수학 퍼즐
해럴드 게일 지음 | 7,900원

멘사 수학 퍼즐 디스커버리
데이브 채턴 외 지음 | 7,900원

멘사 수학 퍼즐 프리미어
피터 그라바추크 지음 | 7,900원

멘사 시각 퍼즐
존 브렘너 외 지음 | 7,900원

★★★ 멘사코리아 감수

멘사 아이큐 테스트
해럴드 게일 외 지음 | 7,900원

멘사 아이큐 테스트 실전편
조세핀 풀턴 지음 | 8,900원

멘사 추리 퍼즐 1
데이브 채턴 외 지음 | 7,900원

멘사 추리 퍼즐 2
폴 슬론 외 지음 | 7,900원

멘사 추리 퍼즐 3
폴 슬론 외 지음 | 7,900원

멘사 추리 퍼즐 4
폴 슬론 외 지음 | 7,900원

멘사 탐구력 퍼즐
로버트 앨런 지음 | 7,900원

IQ 148을 위한 멘사 바이블 시리즈

★★★ 멘사코리아 감수

멘사퍼즐 논리게임
브리티시 멘사 지음 | 8,900원

멘사퍼즐 사고력게임
팀 데도풀로스 지음 | 8,900원

멘사퍼즐 아이큐게임
개러스 무어 지음 | 8,900원

멘사퍼즐 추론게임
그레이엄 존스 지음 | 8,900원

멘사퍼즐 두뇌게임
존 브렘너 지음 | 8,800원

멘사퍼즐 수학게임
로버트 앨런 지음 | 8,800원

멘사코리아 사고력 트레이닝
데이브 채턴 외 지음 | 8,900원

멘사 지식 퀴즈 1000
브리티시 멘사 지음 | 15,800원

멘사코리아 논리 트레이닝
멘사코리아 퍼즐위원회 지음 | 근간